もくじ

取り外してお使いください　赤シート＋直前チェックBOOK,別冊解答

※全国の定期テストの標準的な出題範囲を示しています。学校の学習進度とあわない場合は、「あなたの学校の出題範囲」欄に出題範囲を書きこんでお使いください。

Step 1 基本チェック ● 1章 力の合成と分解

10分

■ 赤シートを使って答えよう！

❶ 力の合成 ▶ 教 p.10-15

□ 2つの力を，同じはたらきをする1つの力で表すこと
を [力の合成] といい，合成してできた力を
[合力] という。

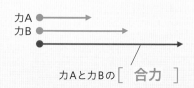

力Aと力Bの [合力]

□ 2つの力が一直線上にあり，同じ向きの場合は，合力
の大きさは2つの力の [和] になる。

□ **同じ向きにはたらく2つの力の合成**

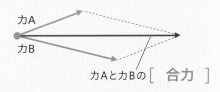

力Aと力Bの [合力]

□ 2つの力が一直線上にあり，反対向きの場合は，2つの
力の大きさの [差] になる。2つの力が一直線上にあり，
反対向きで，2つの力の大きさが同じ場合は，2つの力
はつり合い，合力は [0] Nになる。

□ 向きがちがう2つの力の合力は，それぞれの力の矢印を
2辺とする [平行四辺] 形の [対角線] の矢印で
表される。

□ **向きがちがう2つの力の合成**

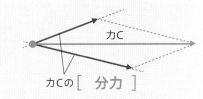

力Cの [分力]

❷ 力の分解 ▶ 教 p.16-19

□ 1つの力を，それと同じはたらきをする2つの力に分ける
ことを [力の分解] といい，分解してできた力を
[分力] という。

□ **力の分解**

□ 斜面上にある物体にはたらく重力の分力は，斜面の角度を大きくすると，
斜面に平行な分力は [大きく] なり，斜面に垂直な分力は [小さく]
なる。

垂直抗力と，斜面に垂直な分力は，つり合っているよ。

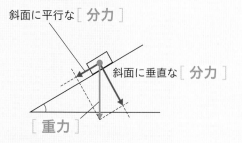

斜面に平行な [分力]

斜面に垂直な [分力]

[重力]

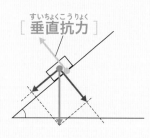

すいちょくこうりょく
[垂直抗力]

□ **斜面上の物体にはたらく力**

 テスト
に出る
力の合成・分解の作図はよく出る。コンパスや三角定規を使って練習をしておこう。

Step 2　予想問題　1章 力の合成と分解

20分
（1ページ10分）

単元1

【 力の合成 】

❶ 図のように，水平な台上で，軽くて変形しない円形のリングを2つのばねばかりで引いた。次の問いに答えなさい。

ばねばかりAがリングを引く力

□ **❶** リングが動かないとき，ばねばかりBからリングにかかる力を矢印で上の図にかき加えなさい。

□ **❷** ❶のとき，リングに糸をつけ，その糸を指で引き，ばねばかりと糸とがなす角度の関係が右の図のようになるようにして，リングを静止させた。

　① ばねばかりAとばねばかりBとがリングを引く力の大きさの関係はどうなっているか。

　（　　　　　　　　）

　② ばねばかりAがリングを引く力，ばねばかりBがリングを引く力，およびその2つの力の合力を右の図にかき加えなさい。ただし，力の矢印の始点はリングの中央にとるものとする。

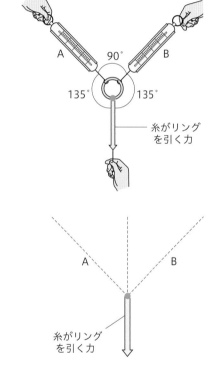

糸がリングを引く力

糸がリングを引く力

【 力の合成 】

❷ 図で示された力について，次の問いに答えなさい。

□ **❶** 図で示された2力を，同じはたらきをする1つの力に合成しなさい。

□ **❷** ❶で合成された力を，2力の何というか。

　（　　　　　　　　）

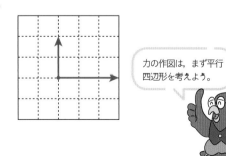

力の作図は，まず平行四辺形を考えよう。

ヒント ❶❷②物体にはたらく3つの力がつり合っている場合，2つの力の合力と，残りの力がつり合っている。

【 力の分解 】

❸ 図で示された力について，次の問いに答えなさい。

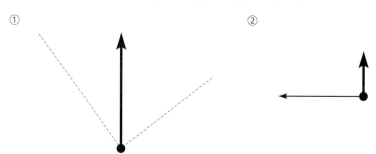

②は太い矢印で示された力を対角線として，平行四辺形をつくろう。

☐ ❶ 図①について，示された力を，与えられた方向の 2 つの力に分解しなさい。

☐ ❷ 図②では，太い矢印で示された力を 2 つの力に分解して，そのうちの 1 つの分力を細い矢印で示した。もう 1 つの分力をかきなさい。

【 斜面上の物体にはたらく力 】

❹ 図のように，斜面上に物体が静止している。この物体にはたらく重力について，次の問いに答えなさい。

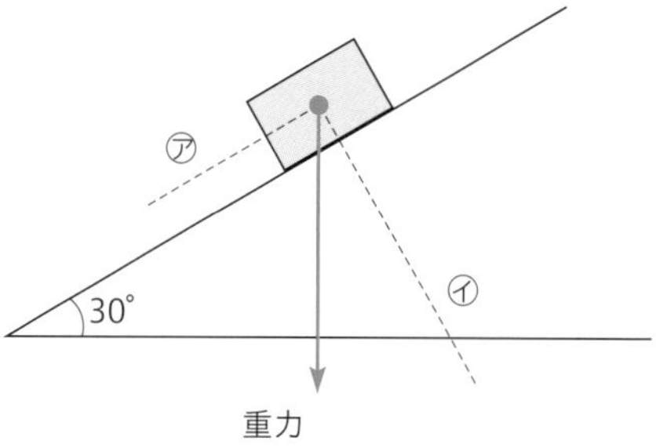

☐ ❶ 重力を斜面に平行な方向⑦と斜面に垂直な方向④に分解して，図にかき加えなさい。

☐ ❷ この物体の質量は500 gである。重力の⑦の方向の分力の大きさは何Nか。ただし，100 gの物体にはたらく重力の大きさを 1 Nとし，右の三角形の関係を利用しなさい。

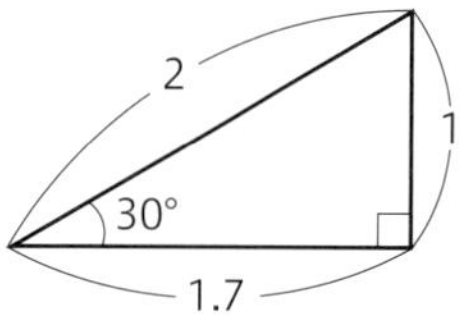

（　　　　　　　）

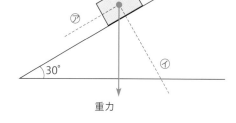

☐ ❸ 重力の④の方向の分力に対して逆向きに，物体にはたらいている力がある。何という力か。

（　　　　　　　）

☐ ❹ 物体が受けている❸の力は，何から受けているか。　（　　　　　　　）

☐ ❺ 斜面上に物体が静止していることから，重力の④の方向の分力と❸の力はどのような関係があるといえるか。　（　　　　　　　）

....

🖐️ヒント　❹❷物体にはたらく重力の大きさが何Nとなるか考える。また，問題の図の三角形から，重力と⑦の力との大きさの比を考える。

Step 1　**基本チェック**　　**2章 水中の物体に加わる力**　　10分

■ 赤シートを使って答えよう！

❶ 浮力　▶ 教 p.20-23

□ 水中の物体に加わる上向きの力を［浮力］という。

□ 浮力の大きさは，水中に入っている物体の［体積］が大きいほど大きい。

□ 物体が水中にすべて入ったとき，浮力の大きさは深さによって変わらない。

□ 浮力〔N〕は，物体にはたらく［重力］〔N〕と水中に入れたときの［ばねばかり］の値〔N〕の差で求める。

□ 水中の物体が浮くかどうかは，浮力の大きさと，重力の大きさのちがいで決まる。浮力が重力よりも大きい場合，物体は［浮く］。浮力が重力よりも小さい場合，物体は［沈む］。

物体を水中に入れると，ばねばかりの値（あたい）が小さくなるよ。

❷ 水圧　▶ 教 p.24-26

□ 水中の物体にはたらく水による圧力を［水圧］という。

□ 水圧は，［あらゆる］方向から加わる。

□ 水圧の大きさは，水の深さが同じであれば向きに関係なく［等しい］。

□ 水圧の大きさは，水の深さが深いほど［大きい］。

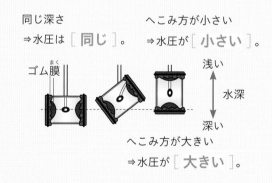

同じ深さ⇒水圧は［同じ］。　へこみ方が小さい⇒水圧が［小さい］。　ゴム膜　浅い　水深　深い　へこみ方が大きい⇒水圧が［大きい］。

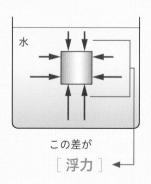

水　この差が［浮力］

□ **水圧と浮力**

テストに出る　浮力の大きさを求める計算問題が出る。難しそうに見えるが出題パターンが決まっているので，恐れずに問題にとり組もう。

5

Step 2　予想問題　2章 水中の物体に加わる力

20分
（1ページ10分）

【 浮力 】

❶ ⑦〜⑦のうち，浮力がはたらいている現象はどれか。　（　　　　）

□　⑦ プールの中では，体が軽く感じられる。

　⑦ 水中にあるコインが実際より浅いところにあるように見える。

　⑦ 水中で石を投げたところ，あまり遠くまで飛ばなかった。

浮力は，水中の物体に実際にはたらく，上向きの力だよ。

【 浮力 】

❷ 図のように，ばねばかりにつるした鉄の棒をメスシリンダーに入れた水に沈めて，浮力を調べる実験をした。次の問いに答えなさい。

ばねばかり

鉄の棒

水

□ ❶ ばねばかりの示す値がいちばん大きいのは⑦〜⑦のうちどれか。　（　　　　）

　⑦ 空気中ではかったとき。

　⑦ 鉄の棒の半分が水中につかったとき。

　⑦ 鉄の棒の全部が水中につかったとき。

□ ❷ 鉄の棒を完全に沈めてからさらに深く沈めた。ばねばかりの示す値はどうなるか。ただし，棒はメスシリンダーの底にはまだ届かないものとする。

　（　　　　　　　）

□ ❸ 鉄の棒にはたらく浮力の大きさは，❶の⑦〜⑦のうち，どのときがいちばん大きいか。　（　　　）

□ ❹ この実験について述べた次の文章の（　）の中に，あてはまる語句を書きなさい。

　鉄の棒にはたらく浮力は，水中にある棒の①（　　　　　）が大きいほど，大きい。棒が完全に水中に入ってしまうと，それ以上深く沈めても浮力の大きさは，②（　　　　　　）。

ヒント　❷❷水圧の大きさは水の深さと関係があるが，物体が水の中にすべて入ったとき，浮力の大きさは水の深さとは関係がない。

【 水圧 】

❸ 図のように，ゴム膜をはったプラスチックの筒を水中に沈め，ゴム膜のへこみ方を調べた。次の問いに答えなさい。

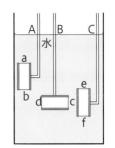

□ **❶** 筒Aのゴム膜はどのような形になるか。㋐～㋓から選びなさい。　（　　　　）

□ **❷** 筒Bのゴム膜はどのような形になるか。㋐～㋓から選びなさい。

（　　　　）

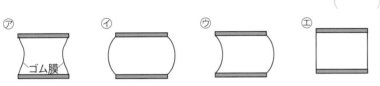

□ **❸** 図のa～fのうち，ゴム膜bと同じ大きさの水圧を受けているのはどれか。　（　　　　）

□ **❹** 図のa～fのうち，もっとも大きな水圧を受けているのはどれか。

（　　　　）

□ **❺** ペットボトルに水を入れ，3カ所に穴をあけた。このとき，水の出方はどのようになるか。㋐～㋒から選びなさい。　（　　　　）

【 浮力 】

❹ 図は，コップの水に浮かんでいる体積20 cm³の氷である。氷の密度を0.9 g/cm³として，次の問いに答えなさい。

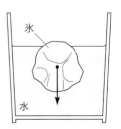

□ **❶** 図の矢印は，氷にはたらく重力である。氷にはたらく浮力を，矢印でかき入れなさい。

□ **❷** 氷にはたらく浮力の大きさを求めなさい。ただし，100 gの物体にはたらく重力を1Nとする。　（　　　　　　）

⸱⸱

💡ヒント ❸水圧はあらゆる向きにはたらく。水圧は深さが深いほど大きくなる。

Step 1 | **基本 チェック** ● **3章 物体の運動** ⏱ 10分

■ 赤シートを使って答えよう！

❶ 運動の表し方　▶教 p.29-34

□ 速さは，一定の時間に物体が移動した距離（きょり）で求められる。

$$速さ〔m/s〕 = \frac{移動した [距離]〔m〕}{移動するのにかかった[時間]〔s〕}$$

□ 速さが変化する物体が一定の速さで移動したと考えたときの
速さを，[平均の速さ（へいきん はや）] という。

□ 乗り物の走行中に速度計で示されるような，その時その時の
速さを，[瞬間の速さ（しゅんかん はや）] という。

速さの単位〔m/s〕は，〔m〕÷〔s〕の意味で，/はわり算を表すよ。

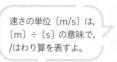
[速く] 動かしたとき

[ゆっくり] 動かしたとき

□ **記録テープ**

❷ 力と運動　▶教 p.36-47

□ 速さが変わらず，一直線上を進む運動を [等速直線運動（とうそくちょくせんうんどう）] という。

□ 一定の大きさの力を受け続けると，物体の速さは一定の割合で [変化する]。

□ 斜面（しゃめん）を下る台車には，斜面に平行な [下] 向きの分力がはたらき，斜面のど
こでも [同じ] 大きさではたらき，斜面の角度が大きいほど [大きく] なる。

□ 静止していた物体を離（はな）して物体が真下に落下する運動を [自由落下運動（じゆうらっかうんどう）] と
いう。

□ 物体がそれまでの運動を続けようとする性質を [慣性（かんせい）] という。外から力を
加えないかぎり，静止している物体はいつまでも静止を続け，運動している物
体はいつまでも等速直線運動を続ける。このことを [慣性] の法則（ほうそく）という。

❸ 作用と反作用　▶教 p.48-49

□ 物体Aが物体Bに力を加えると，物体Aは，
加えた力と向きが [反対] で，大きさの
[等しい] 力を物体Bから受ける。このとき，
物体Aが物体Bに加える力を [作用（さよう）]
といい，物体Bが物体Aにおよぼす力を
[反作用（はんさよう）] という。

（AがBを押す力）　（BがAを押す力）
[作用]　　　[反作用]
□ **作用・反作用**

机が本を押す力
すいちょくこうりょく
（[垂直抗力]）

机

[本] が机を押す力

テストに出る　速さを求める計算問題がよく出る。記録テープから速さの変化を読みとれるように！

Step 2 予想問題　3章 物体の運動

30分（1ページ10分）

【速さ】

❶ 速さについて，次の問いに答えなさい。

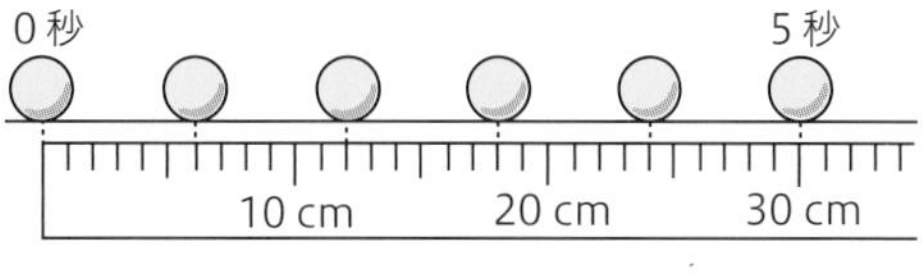
0秒
5秒
10 cm
20 cm
30 cm

□ ① 図は，運動している物体の1秒ごとの位置を示したものである。物体の速さは何cm/sか。（　　　）

□ ② 1秒間に1m歩く人は，1時間で何m歩くか。（　　　）

□ ③ ②の人の歩く速さは何km/hか。（　　　）

□ ④ 100mを12秒で走る人の速さは何km/hか。（　　　）

【記録タイマーによる運動の記録】

❷ 右の図のように，AさんとBさんの2人がそれぞれ歩くようすを調べた。下の図は，1秒間に50打点する記録タイマーで記録したテープの一部である。次の問いに答えなさい。

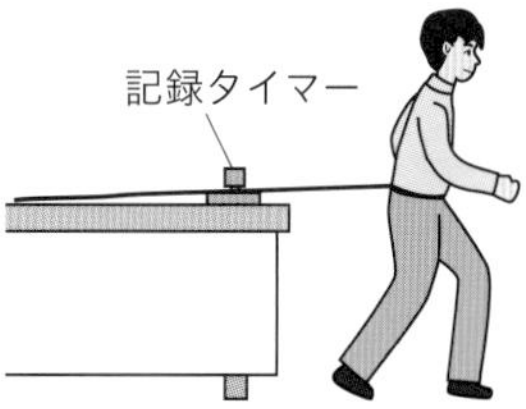
記録タイマー

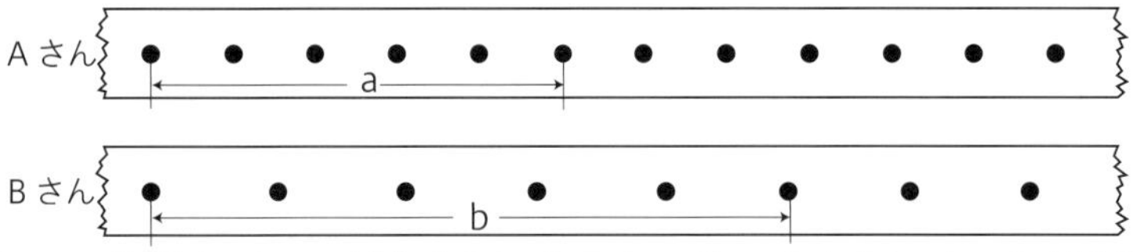
Aさん
a
Bさん
b

□ ① この記録タイマーが点を打ったあと，次の点を打つまでには何秒かかるか。（　　　）

□ ② 5打点打つまでには，何秒かかるか。（　　　）

□ ③ 図のテープのaとbの長さをはかったら，aは6.2 cm，bは9.5 cmだった。aとbにおける，AさんとBさんの歩く速さは何cm/sか。

Aさん（　　　）　Bさん（　　　）

□ ④ ③で求めたBさんの速さは何km/hか。（　　　）

□ ⑤ 記録タイマーの打点の間隔（かんかく）と，そのときの速さの関係を正しく表しているものを，㋐～㋒から選びなさい。（　　　）

㋐ 打点の間隔が狭（せま）いほうが速く運動している。

㋑ 打点の間隔が広いほうが速く運動している。

㋒ 打点の間隔に関係なく，速さは一定である。

[ヒント] ❶速さは，(移動した距離（きょり）) ÷ (時間) で求める。sはsecond (秒)，hはhour (時) を表す。

【斜面を下る台車の運動】

3 図のように，斜面(しゃめん)の角度を変えることができる装置を使って，斜面を下(くだ)る台車の運動のようすを調べた。次の問いに答えなさい。ただし，記録タイマーは1秒間に50回打点するものを用いた。

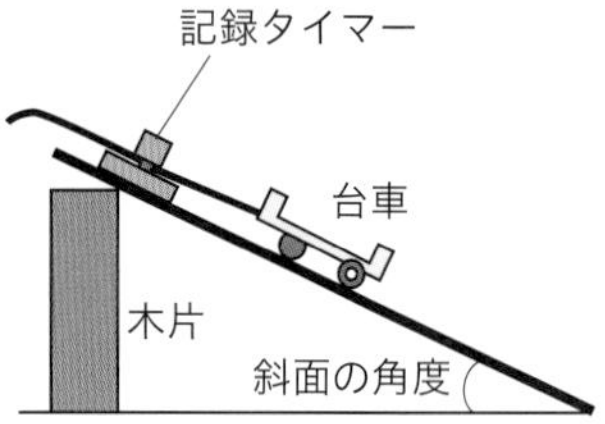
記録タイマー
台車
木片
斜面の角度

□ 1 ばねばかりを使って，台車にはたらく斜面に平行な力を調べた。その力の向きと大きさについて正しいものを，㋐〜㋒から選びなさい。（　　）

㋐ 台車には斜面に平行な上向きの力がはたらき，その大きさは台車が斜面のどこにあっても同じである。

㋑ 台車には斜面に平行な下向きの力がはたらき，その大きさは台車が斜面のどこにあっても同じである。

㋒ 台車には斜面に平行な下向きの力がはたらき，その大きさは台車が斜面の下にいくほどしだいに大きくなる。

□ 2 斜面の角度を10°，20°と変えた。台車にはたらく斜面に平行な力が大きいのはどちらのときか。（　　　　）

□ 3 下のA，Bは2のときの記録タイマーのテープを5打点ごとに切って，紙に貼(は)ったものである。A，Bは斜面の角度が10°，20°のどちらのときのものか，それぞれ答えなさい。

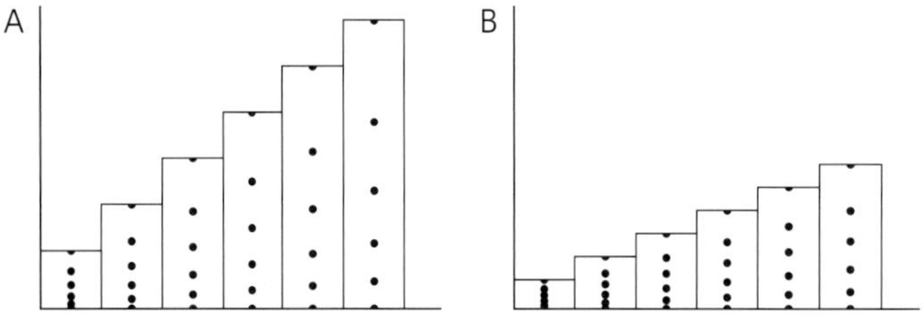
A
B

A（　　　　）　B（　　　　）

□ 4 次の文の（　）にあてはまることばの組み合わせを，下の㋐〜㋒から選びなさい。（　　）

運動の向きに力がはたらくとき，物体にはたらく力が（ ① ），速さの増加は（ ② ）。

㋐〔① 大きいほど　② 小さい〕

㋑〔① 大きいほど　② 大きい〕

㋒〔① 変化しても　② 変わらない〕

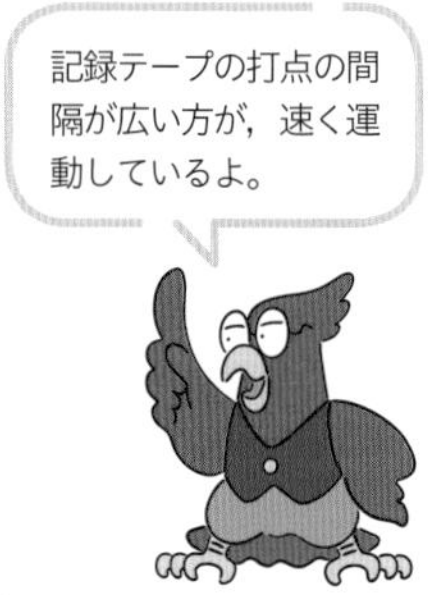
記録テープの打点の間隔が広い方が，速く運動しているよ。

[ヒント] 3 1 斜面のどの場所でも斜面の傾(かたむ)きは同じである。

[解答▶p. 2]

【 いろいろな運動 】

❹ 台車の運動のようすを調べる実験について，次の問いに答えなさい。

実験
1. 図1のように，水平な机の上に台車を置き，糸でおもりとつないで，台車を手で止めておいた。
2. 手を離して，台車の運動のようすを1秒間に60回打点する記録タイマーで調べた。図2はそのテープの一部で，打点順にA～Kの記号をつけた。

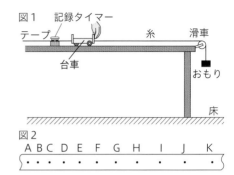

図1

図2

A B C D E F G H I J K

□ ❶ 図2のA点から0.1秒後の打点はどこか。B～Kから選びなさい。　（　　　　）

□ ❷ おもりが床に達した後も台車は運動し続けた。これは物体のもつ何という性質によるものか。　（　　　　）

□ ❸ 表は，台車の運動を記録したテープをもとに，台車が動き始めてからの時間と速さとの関係を示したものである。表をもとに，台車が動き始めてからの時間と台車の速さとの関係を示すグラフを下にかきなさい。

台車が動き始めてからの時間〔s〕	0.1	0.2	0.3	0.4	0.5	0.6	0.7
台車の速さ〔cm/s〕	50	100	150	200	220	220	220

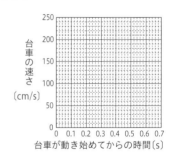

台車の速さ〔cm/s〕

台車が動き始めてからの時間〔s〕

【2つの物体間にはたらく力】

❺ 図のように，ローラースケートをはいたAさんとBさんが立っている。AさんがBさんを押したところ，Bさんは図のYの位置で静止した。AさんとBさんは同じ体重である。次の問いに答えなさい。

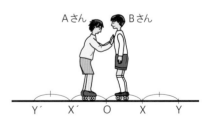

Aさん　Bさん

Y′ X′ O X Y

□ ❶ Bさんが静止したとき，Aさんはどの位置にいるか。図中の記号で答えなさい。　（　　　　）

□ ❷ 次の文の①，②にあてはまることばを書きなさい。
AさんがBさんに力をはたらかせているとき，BさんもAさんに（①　　　　）大きさの力を（②　　　　）向きにはたらかせている。

💡**ヒント** ❹❸220 cm/sになるまでは，0.1秒間に50 cm/sずつ速さが大きくなっている。

Step 1 基本チェック ● 4章 仕事とエネルギー

⏱ 10分

■ 赤シートを使って答えよう！

❶ 仕事 ▶ 教 p.50-57

□ 理科では，物体に力を加えてその力の向きに物体を動かしたときに，その力は物体に対して ［ 仕事 ］ をしたという。

□ 仕事〔［ J ］〕＝ ［ 力の大きさ〔N〕 ］ × ［ 力の向きに動かした距離〔m〕 ］

□ 物体を動かすときに，道具などを使っても使わなくても仕事の大きさは ［ 変わらない ］。これを ［ 仕事の原理 ］ という。

□ ［ 仕事率 ］ …1秒当たりにする仕事の大きさ

$$仕事率〔［ W ］〕＝\frac{［ 仕事 ］〔［ J ］〕}{仕事に要した［ 時間 ］〔［ s ］〕}$$

仕事率の単位を，ジュール毎秒（J/s）で表すこともあるよ。

❷ エネルギー ❸ 力学的エネルギーの保存 ▶ 教 p.58-65

□ 高いところにある物体がもっているエネルギーを ［ 位置 ］ エネルギーといい，物体の位置が ［ 高い ］ ほど大きく，物体の質量が ［ 大きい ］ ほど大きい。

□ 運動している物体がもつエネルギーを ［ 運動 ］ エネルギーといい，物体の運動の速さが ［ 大きい ］ ほど大きく，物体の質量が ［ 大きい ］ ほど大きい。

□ 位置エネルギーと運動エネルギーの和を ［ 力学的エネルギー ］ といい，この和が一定に保たれることを ［ 力学的エネルギーの保存 ］ という。

❹ エネルギーとその移り変わり ❺ エネルギーの保存 ❻ 熱エネルギーとその利用 ▶ 教 p.66-75

□ エネルギーは互いに移り変わっても，その総量は変化しない。これをエネルギーの ［ 保存 ］ という。消費したエネルギーに対する利用できるエネルギーの割合を，エネルギー ［ 変換効率 ］ という。

□ 熱の伝わり方には，接している物体間で温度の高いほうから低いほうへ移動する ［ （熱）伝導 ］ や，液体や気体の循環による ［ 対流 ］，赤外線などによって離れた物体へ伝わる ［ （熱）放射 ］ がある。

テストに出る　仕事や仕事率を求める計算問題はよく出る。それぞれを区別して理解しよう。

4章 仕事とエネルギー

30分
（1ページ10分）

【 仕事 】

❶ 図のように，摩擦のある平面上で5Nの力で物体を一定の速さで10m
動かした。次の問いに答えなさい。

5 N　　　　　　5 N

10 m

☐ ❶ この力がした仕事はいくらか。　　（　　　　　）

☐ ❷ このとき，摩擦力の大きさはいくらか。　　（　　　　　）

☐ ❸ 力を4Nにすると，物体は動かなかった。このときの力がした仕事はい
くらか。　　（　　　　　）

【 仕事 】

❷ 仕事について，次の問いに答えなさい。

物体が力を加えた向き
に動いたら，仕事をし
たことになるよ。

☐ ❶ 重量あげで200kgのバーベルを1秒間，頭の上で支え続けたときの仕事
はいくらか。ただし，100gの物体にはたらく重力の大きさを1Nとする。

（　　　　　）

☐ ❷ 綱引きで10mの差で勝負がついたとき，綱にかかる力の大きさは2000N
であった。勝ったチームがした仕事はいくらか。　　（　　　　　）

【 仕事率 】

❸ 滑車を使った実験について，次の問いに答えなさい。
ただし，100gの物体にはたらく重力の大きさを
1Nとし，摩擦は考えないものとする。

実験1 図のように，質量5kgの物体を，斜面と滑
車を使ってAからCの高さまで持ち上げた。

実験2 滑車を使ってBからCの高さまで持ち上げた。

C

C

5 m　2.5 m

30°

A　　　　　　　　　B

☐ ❶ それぞれの場合の仕事を求めなさい。

実験1 （　　　　　）　　実験2 （　　　　　）

☐ ❷ 実験1 では25秒，実験2 では1分40秒かかった。それぞれの場合の仕
事率を求めなさい。　　実験1 （　　　　　）　　実験2 （　　　　　）

💡ヒント ❶❷一定の速さで動かしているので，加える力と摩擦力の大きさは同じ。

【 滑車 】

❹ 図1のような滑車を用いて15kgの荷物をゆっくり一定の速さで2m引き上げた。これについて，次の問いに答えなさい。ただし，100gにはたらく重力の大きさを1Nとし，動滑車の重さ，滑車とひもの摩擦は考えないものとする。

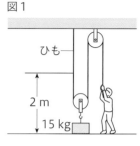

図1

□ ❶ 荷物を2m引き上げるのに引くひもの長さは何mか。㋐〜㋒から選びなさい。　（　　　　　）

　　㋐　1m　　　㋑　2m　　　㋒　4m

□ ❷ 荷物を引き上げるために必要な力は何Nか。　（　　　　　）

□ ❸ このときした仕事はいくらか。　（　　　　　）

□ ❹ この仕事を10秒間で行った。このときの仕事率はいくらか。

　　（　　　　　）

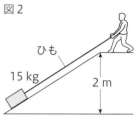

図2

□ ❺ 図2のように，図1と同じ荷物を斜面とひもを使って2m引き上げたときの仕事はどうなるか。㋐〜㋒から選びなさい。

　　（　　　　　）

　　㋐　図1のときより大きい。　　　㋑　図1のときより小さい。

　　㋒　図1のときと同じ。

【 位置エネルギー 】

❺ 小球を転がす実験について，次の問いに答えなさい。ただし，小球には油がぬってあり，摩擦の影響は受けないものとする。

実験　図1のように，摩擦のある床に置いた軽い物体に向かって，質量や高さを変えて小球を転がり落としてあてたところ，小球は物体を押しながら，物体といっしょに止まった。物体が動いた距離と小球の高さや質量との関係を調べたところ，図2のようになった。

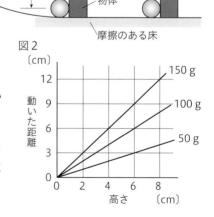

□ ❶ 高いところにある小球がもっているエネルギーを何というか。　（　　　　　）

□ ❷ 図2から，150g，100g，50gの小球を同じ高さのところに置いたとき，❶のエネルギーが大きいほうから順に並べよ。　（　　　　→　　　　→　　　　）

・・

ヒント ❹❶❷動滑車を1個使って仕事をするとき，ひもは2倍の長さを引かなければならないが，加える力は半分ですむ。

　　　　　　　　　　　　　　　　　　　　　　　　　　　　　　　　　［解答 ▶ p.3］

単元1

【 運動エネルギー 】

❻ 運動している物体のエネルギーについて，次の問いに答えなさい。

☐ ❶ 速さが同じとき，質量の大きい物体と小さい物体では，どちらのもつエネルギーが大きいか。　（　　　　　　　　　）

☐ ❷ 運動している物体がもつエネルギーを何というか。　（　　　　　　　　　）

【 力学的エネルギー 】

❼ 図1のように，振り子のおもりをA点から静かに離したところ，最下点のC点を通ってE点まで振れた。次の問いに答えなさい。

☐ ❶ 図1で，おもりの位置エネルギーが右の図の点線のように表されるとき，おもりの運動エネルギーはどのように変化するか。そのグラフを図に実線でかきなさい。

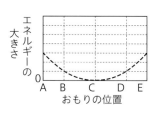

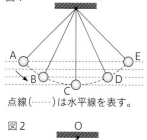

図1

点線（……）は水平線を表す。

☐ ❷ 位置エネルギーと運動エネルギーの和を何というか。　（　　　　　　　　　）

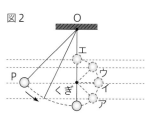

図2

☐ ❸ 図2のように，O点の真下にくぎを打ち，おもりをPの位置まで引き上げて離した。おもりは，ア～エのどの位置まで振れるか。　（　　　　　）

【 エネルギーの移り変わり 】

❽ 手回し発電機を使って，エネルギーの移り変わりを調べた。次の問いに答えなさい。

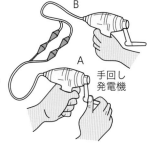

手回し発電機

☐ ❶ 手回し発電機は，内部のモーターを回転運動させて電気を発生させるものである。このとき，何エネルギーが何エネルギーに変わるか。　（　　　　　　　　　）

☐ ❷ 手回し発電機を使って点灯させた豆電球にふれたところ，あたたかかった。❶で変換されたエネルギーはさらに何エネルギーに変わったか，2つ答えなさい。
（　　　　　　）（　　　　　　）

☐ ❸ 図のように，2つの手回し発電機A，Bをつなぐ。Aを10回だけ回転させるとき，Bの回転数は10回より多いか，10回より少ないか。
（　　　　　　　　　）

💡ヒント ❽❸摩擦のため，はじめのエネルギーは一部熱エネルギーや音エネルギーに変わる。

Step 3 予想テスト　単元１　運動とエネルギー

30分　/100点　目標 70点

❶ 図のように，0.8 Nの直方体の物体を水槽の水に沈めた。次の問いに答えなさい。

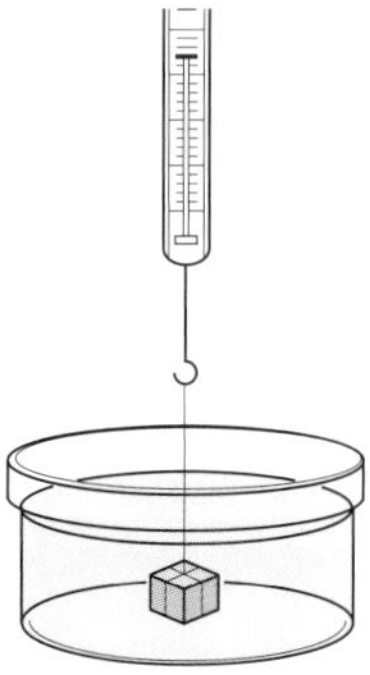

□ ❶ 物体を完全に水面の下に沈めたときのばねばかりの目もりは0.6 Nであった。物体にはたらく浮力は何Nか。[思]

□ ❷ 物体をさらに深く沈めた。このときの浮力は何Nか。

□ ❸ 物体には水圧もはたらいている。

① 水圧は，物体に対して，どのような方向からはたらいているか。㋐～㋓から選びなさい。

㋐ 物体の上の面に対して，下向きにはたらく。

㋑ 物体の下の面に対して，上向きにはたらく。

㋒ 物体の横の面に対して，横向きにはたらく。

㋓ 物体に対して，あらゆる向きからはたらく。

② 物体が水面近くにあるときと，深く沈めたときでは，水圧はどちらが大きいか。

③ 水圧は，物体のまわりをとりまく何による圧力か。

❷ 斜面を下る台車の運動について，次の問いに答えなさい。

[実験] １秒間に50回打点する記録タイマーと斜面を使って，図１のようにして斜面を下る台車の運動のようすを調べた。図２は記録された紙テープを５打点ごとに貼りつけたものである。

図１

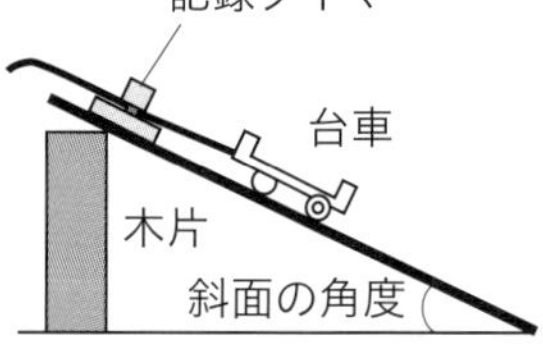

□ ❶ ５打点打つのに何秒かかるか。

□ ❷ Bのテープを記録している間の台車の平均の速さは何cm/sか。

図２

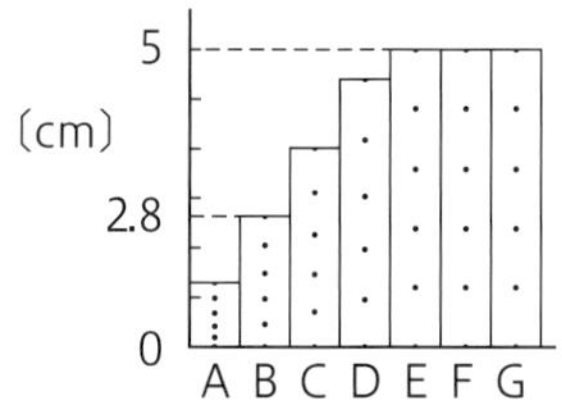

□ ❸ A～Dの間での，台車にはたらく斜面に平行な力はしだいにどのようになるか。㋐～㋒から選びなさい。

㋐ 大きくなる。　㋑ 小さくなる。　㋒ 変わらない。

点UP □ ❹ 斜面の角度を大きくすると，台車にはたらく斜面に平行な力はどうなるか。

□ ❺ 台車が斜面上を動き始めてから，Gを記録するまでの，時間と速さを表すグラフはどれか。㋐～㋓から選びなさい。[思]

㋐
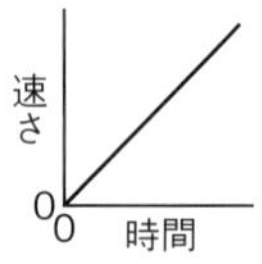

㋑
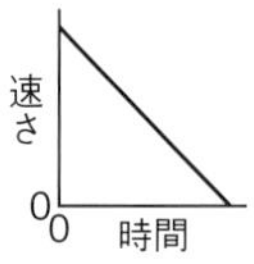

㋒
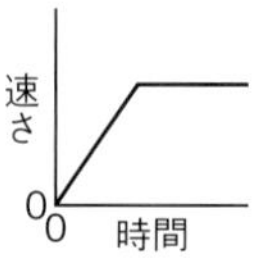

㋓
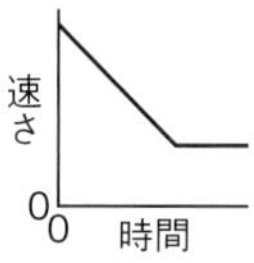

❸ 図のように，荷物をのせる台車に乗ったＡさんが台車に乗ったＢさんを押した。これについて，次の問いに答えなさい。

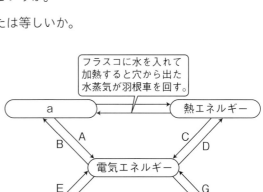

Aさん　　Bさん

- ❶ Ａさん，Ｂさんはそれぞれどうなるか。㋐〜㋒から選びなさい。

　㋐ 左へ移動する。　　　㋑ 右へ移動する。

　㋒ 動かない。

- ❷ ＡさんがＢさんを押したとき，ＡさんもＢさんから力を受けている。このとき，ＡさんがＢさんに加える力を何というか。

- ❸ ❷のとき，ＢさんがＡさんにおよぼす力を何というか。

- ❹ ❷と❸の力の大きさはどちらが大きいか。または等しいか。

❹ 図は，エネルギーの移り変わりを表したものである。これについて，次の問いに答えなさい。

> フラスコに水を入れて加熱すると穴から出た水蒸気が羽根車を回す。

```
        a  ←──────→  熱エネルギー
         B  A        C  D
        電気エネルギー
         E          G
          F          H
     音エネルギー    光エネルギー
```

- ❶ ａにあてはまるエネルギー名を書きなさい。

- ❷ 次の①〜④のエネルギーの移り変わりの具体例は，それぞれ図のＡ〜Ｈのどれにあてはまるか。記号で答えなさい。[思]

　① 太陽電池で電気を発生させる。

　② ラジオのスイッチを入れて音楽を聞く。

　③ ホットプレートで，ホットケーキを焼く。

　④ スイッチを入れると扇風機の羽根が回る。

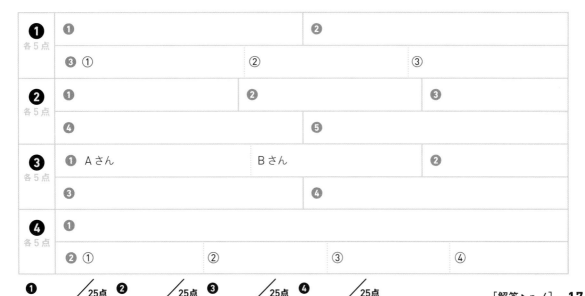

❶ 各5点	❶		❷		
	❸ ①		②	③	
❷ 各5点	❶		❷		❸
	❹		❺		
❸ 各5点	❶ Ａさん	Ｂさん		❷	
	❸		❹		
❹ 各5点	❶				
	❷ ①	②		③	④

❶	/25点	❷	/25点	❸	/25点	❹	/25点

Step 1 基本チェック 1章 生物の成長とふえ方

10分

■ 赤シートを使って答えよう！

> 染色体はひも状のもので，染色液（せんしょくえき）で色がつくよ。

❶ 生物の成長と細胞 ▶ 教 p.88-93

☐ 1つの細胞が2つの細胞に分かれることを，[細胞分裂] という。

☐ 細胞分裂のときに核の中に見えてくるひも状の [染色体] の中には，生物のさまざまな特徴（[形質]）を表すもとになる [遺伝子] が存在する。

☐ 細胞分裂の前に染色体の数は [複製] されて2倍になるため，もとの細胞と新しい2つの細胞の核にある染色体の数は同じになる。このような細胞のふえ方を [体細胞分裂] という。

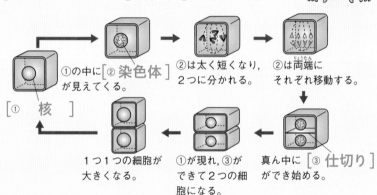

①の中に[② 染色体]が見えてくる。

②は太く短くなり，2つに分かれる。

②は両端にそれぞれ移動する。

[① 核]

1つ1つの細胞が大きくなる。

①が現れ，③ができて2つの細胞になる。

真ん中に [③ 仕切り]ができ始める。

☐ 植物の細胞分裂のようす

❷ 生物の子孫の残し方 ▶ 教 p.94-105

☐ 生物が自らと同じ種類の新しい個体（子）をつくることを [生殖] という。

☐ 体細胞分裂によって新しい個体をふやす生殖を [無性生殖] という。

☐ 無性生殖のうち，ジャガイモなどの植物が体の一部から新しい個体をつくり，ふえることを [栄養生殖] という。

☐ 精子や卵のような [生殖細胞] によって新しい個体をつくる生殖を [有性生殖] という。

☐ 植物の有性生殖は，[精細胞] の核と卵細胞の核が合体し [受精卵] ができる。受精卵は分裂して [胚] になり，胚珠全体が [種子] になる。

☐ 動物の有性生殖は，雌の [卵巣] でつくられる生殖細胞の [卵] と，雄の [精巣] でつくられる生殖細胞の [精子] が受精して，それぞれの核が合体し，[受精卵] ができる。

☐ 受精卵が細胞分裂を繰り返して親の形になっていく過程を [発生] という。

☐ 生殖細胞は，体細胞分裂とは異なり [減数分裂] によってつくられる。

テストに出る 植物の細胞分裂を表す図や，動物の発生を表す図の並び順を覚えよう！

Step 2 予想問題 1章 生物の成長とふえ方

20分
(1ページ10分)

【根の成長】

1 ソラマメを発芽させ，根に等間隔(とうかんかく)に印をつけ，暗い所に置いて成長させた。次の問いに答えなさい。

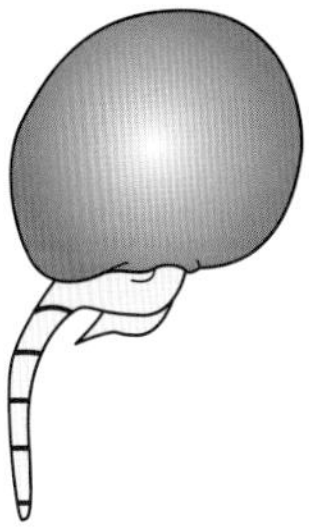

□ 1 根の成長にしたがって，根につけた印はどのように変化したか。㋐～㋒から選びなさい。（　　）
㋐ 根の全ての印がうすくなった。
㋑ 根の先端(せんたん)に近い部分の印の間隔が広がった。
㋒ 根の先端から離(はな)れた部分の印の間隔が広がった。

□ 2 1のようになった理由を，㋐～㋒から選びなさい。（　　）
㋐ 根がのびたから。　㋑ 印が根から吸収されたから。
㋒ 根が縮んだから。

□ 3 1つの細胞(さいぼう)が2つに分かれることを何というか。（　　）

□ 4 3のうち，もとの細胞と新しい2つの細胞の核(かく)にある染色体(せんしょくたい)の数が同じになるふえ方を何というか。（　　）

□ 5 4のときに，細胞にあるそれぞれの染色体と同じものがもう1つつくられて，染色体の数が2倍になることを何というか。（　　）

□ 6 細胞が分裂するときに，細胞の中に見られるひも状のものを何というか。
（　　）

□ 7 6は細胞の中の何というつくりにあるか。（　　）

□ 8 体をつくる細胞が2つに分かれるとき，6はどのようになるか。㋐～㋒から選びなさい。（　　）
㋐ 太く短くなって，2つに分かれる。　㋑ 集まってしきりをつくる。
㋒ 細胞質の中にまざって，見えなくなる。

□ 9 根の先端などでは，細胞がどのように変化して体が成長するか。細胞の数と，1つ1つの細胞の大きさに着目して，簡潔に書きなさい。

（　　）

[×] ミスに注意 1 4 いくつか出てくる「〇〇分裂」は，しっかり区別して覚えること。

[ヒント] 1 6 動物の細胞にも，植物の細胞にもある。

【 植物のふえ方 】

❷ 植物のふえ方について，次の問いに答えなさい。

□ ❶ 分裂によってふえるミカヅキモのように，自分自身の細胞だけで新しい
個体をふやす生殖のしかたを何というか。　　　（　　　　　　　　）

□ ❷ 生殖細胞でふえる植物の生殖のしかたを何というか。

（　　　　　　　　）

□ ❸ 図は，種子でふえる植物の花のようすである。花粉管の中のaと，胚珠
の中のbの細胞の名称をそれぞれ書きなさい。

a（　　　　　　　）　　　b（　　　　　　　）

□ ❹ ❸の細胞の核が合体することを何というか。　　（　　　　　　）

□ ❺ bの細胞は❹のあと，分裂して何になるか。　　（　　　　　　）

□ ❻ 自分自身の細胞だけでなかまをふやす生殖のうち，ジャガイモのように
体の一部から新しい個体ができる生殖を何というか。

（　　　　　　　　）

【 動物のふえ方 】

❸ 動物の有性生殖について，次の問いに答えなさい。

□ ❶ ①〜④にあてはまる語句を書きなさい。
雌の（①　　　　　　）で卵がつくられ，雄の（②　　　　　　）で精子がつくら
れる。精子と卵の（③　　　　　　）が合体することを（④　　　　　　）という。

□ ❷ 図は，カエルの受精卵Aが細胞分裂をして，変化していくようすを示し
たものである。B〜Eを，変化の順に並べなさい。

（　A　→　　　　→　　　　→　　　　→　　　　）

A　　　　　　B　　　　　　C　　　　　　D　　　　　　E

□ ❸ 受精卵が分裂を始めてから，自分で食物をとり始めるまでの間の
子のことを何というか。　　　　（　　　　　）

□ ❹ 受精卵が親と同じような形になっていく過程を何というか。

（　　　　　　　）

子のことを問われてい
るか，過程のことを問
われているか，文末を
チェックしようね。

❌│ミスに注意　❷❻体が2つに分裂し新しい個体をつくるものとは区別される。

　　　　　　　　　　　　　　　　　　　　　　　　　　　［解答 ▶ p. 5］

Step 1 **基本チェック** : **2章 遺伝の規則性と遺伝子** 10分

単元2

■ 赤シートを使って答えよう！

❶ 遺伝の規則性 ▶ 教 p.106-113

☐ 生物がもつさまざまな特徴を［ 形質 ］といい，親のもつ形質が子に伝わることを［ 遺伝 ］という。

☐ 形質を表すもとになるものは，染色体の中にある［ 遺伝子 ］である。

☐ 異なる形質をもった両親をかけ合わせたとき，その子に現れる形質を［ 顕性 ］の形質，現れない形質を［ 潜性 ］の形質という。このように，どちらかしか現れない形質どうしを［ 対立形質 ］という。

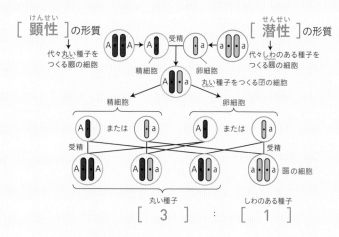

☐ **エンドウの形質の伝わり方**

[顕性]の形質　代々丸い種子をつくる圃の細胞
[潜性]の形質　代々しわのある種子をつくる圃の細胞

丸い種子 ： しわのある種子
[3] ： [1]

☐ 純系の顕性の形質をもつ親と純系の潜性の形質をもつ親とをかけ合わせると，子の代はすべて［ 顕性 ］の形質だけが現れる。

☐ 卵細胞や精細胞ができるとき，親の［ 対 ］になっている遺伝子が別々に分かれてその中に入る。これを［ 分離 ］の法則という。

❷ 遺伝子 ▶ 教 p.114-117

☐ 形質を決定するのは遺伝子であり，遺伝子は細胞の中の染色体にある。また，遺伝子の本体は染色体に含まれる［ DNA ］という物質である。

☐ 遺伝子は，親から子に伝えられるが，自然に［ 変化 ］することがあり，子に現れる形質を変えてしまうものがある。

☐ 近年，遺伝子やDNAに関する研究が，めざましく進歩している。たとえば，植物の品種改良などで生物の［ 形質 ］を変えることや，病気の原因となる［ 遺伝子 ］を特定し，治療に役立てている。

DNAは，deoxyribonucleic acid（デオキシリボ核酸）という物質の英語名の略だよ。

 テストに出る DNA，遺伝子，染色体は，細胞の核の中の同じものを表しているように思えるが，異なるものを表すので，意味を理解して覚えよう。

Step 2　予想問題　2章 遺伝の規則性と遺伝子

20分
（1ページ10分）

【 遺伝の規則性 】

❶ 丸い種子をつくる純系の親がもっている遺伝子をAA，しわのある種子をつくる純系の親がもっている遺伝子をaaと表したとき，子に受け継がれる遺伝子の組み合わせは，表1のようになった。これについて，次の問いに答えなさい。

□ ❶ 子の代の種子の形はすべて丸かった。子で現れた形質（丸）は顕性と潜性のどちらか。　　（　　　　　）

□ ❷ Aaの遺伝子をもつ子どうしをかけ合わせた場合，孫に受け継がれる遺伝子の組み合わせは，表2のようになる。①，②にあてはまる遺伝子の組み合わせを書きなさい。

　　　　①（　　　　）　　②（　　　　）

□ ❸ 表3は，❷の結果をまとめたものである。①〜④にあてはまることばや数を書きなさい。

　　①（　　　　　　）　　②（　　　　）
　　③（　　　　　　）　　④（　　　　）

□ ❹ 孫の代では，丸い種子としわのある種子の現れる割合は，何対何になるといえるか。　　（　　　　　）

□ ❺ この種子の丸としわの形質のように，どちらか一方しか現れない形質どうしを何というか。　　（　　　　　）

□ ❻ 卵細胞や精細胞ができるとき，親の対になっている遺伝子が別々に分かれてその中に入る。この法則を何というか。

　　　　　　（　　　　　　　）

表1

丸い種子をつくる。AA

しわのある種子をつくる。aa

精細胞の遺伝子＼卵細胞の遺伝子	A	A
a	Aa	Aa
a	Aa	Aa

表2

子の遺伝子 Aa

子の遺伝子 Aa

精細胞の遺伝子＼卵細胞の遺伝子	A	a
A	AA	①
a	Aa	②

表3

遺伝子の組み合わせ	形質	割合
AA	丸い種子	1
Aa	①	②
aa	③	④

遺伝子が別々に分かれて…というフレーズがポイントだよ。

⋯⋯⋯

🦉ヒント　❶❸Aaの遺伝子をもつものは，一方の親の形質だけが現れる。

【 遺伝の規則性 】

❷ ある種類のマツバボタンには，赤花をつけるものと，白花をつけるものとがある。マツバボタンの実験について，あとの問いに答えなさい。

[実験] 1．図のように，白花のマツバボタンのめしべに赤花のマツバボタンの花粉をつけて種子をつくった。

2．次の年（2年目），その種子から育ったマツバボタンはすべて赤花だった。そのマツバボタンから種子をとり，さらに3年目に育てると，今度は赤花と白花ができた。

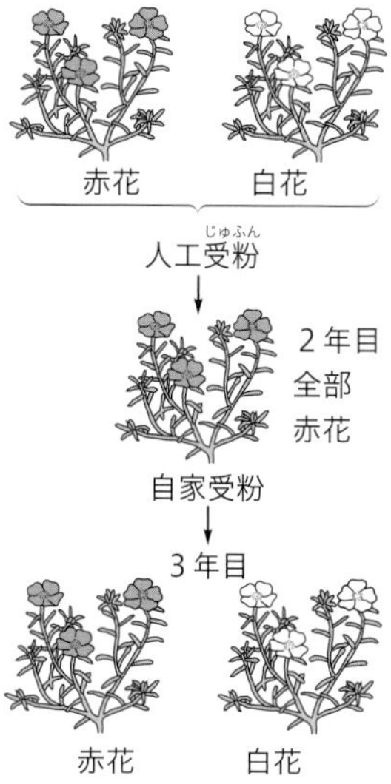
赤花
白花
人工受粉(じゅふん)
2年目
全部
赤花
自家受粉
3年目
赤花
白花

□ ❶ 2年目のマツバボタンについて，㋐〜㋒から正しいものを選びなさい。（　　）

㋐ 種子には，白花の性質を伝えるものも，赤花の性質を伝えるものも含(ふく)まれている。

㋑ 種子には，赤花の性質を伝えるものだけが含まれている。

㋒ 種子には，花の色を伝えるものは含まれていない。

□ ❷ 赤花と白花では，どちらが顕性の形質と考えられるか。（　　）

【 遺伝子の本体 】

❸ 図のように，メダカにはいろいろな体の色をしているものがある。これについて，あとの問いに答えなさい。

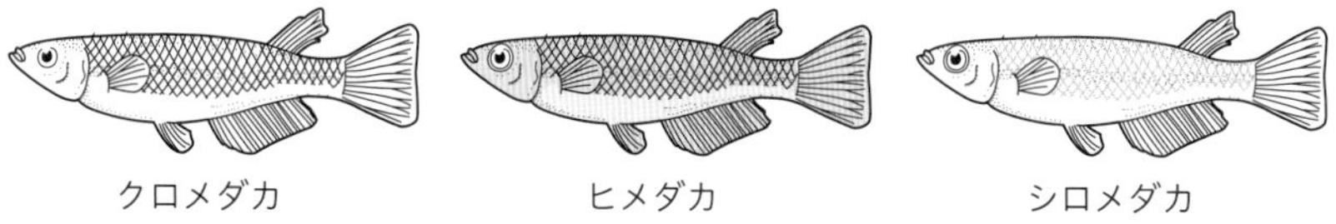
クロメダカ
ヒメダカ
シロメダカ

□ ❶ メダカの体の色がいろいろあるのは，体の色を決める遺伝子が変化したためと考えられるが，この遺伝子は，細胞のどこにあるか。

（　　）

□ ❷ 遺伝子の本体を何というか。（　　）

□ ❸ 親の遺伝子は生殖細胞(せいしょくさいぼう)に入り，受精(じゅせい)によって子に受け継がれるが，生殖細胞がつくられるときの細胞分裂を何というか。

（　　）

□ ❹ 病気や害虫に強い作物をつくるためなどに，遺伝子を人工的に変化させることを何というか。（　　）

[ヒント] ❷エンドウの種子の形質の遺伝と同じように考えることができる。

Step 1 ｜ 基本チェック ｜ 3章 生物の種類の多様性と進化

10分

■ 赤シートを使って答えよう！

❶ 生命の連続性　▶ 教 p.118-119

□ 生物が多くの代を重ね，長い時間をかけてしだいに変化することを，
　［ 進化 ］という。

❷ 進化の証拠　▶ 教 p.120-123

□ 両生類・は虫類・哺乳類の前あし，鳥類の翼のように，形もはたらきもち
　がうのに，骨格の基本的なつくりが似ていて，もとは同じものから変化し
　たと考えられる部分を［ 相同器官 ］という。

□ ヘビやクジラの後あしのように，はたらきを失って痕跡のみになっている
　部分を［ 痕跡器官 ］という。

□ シソチョウ（始祖鳥）は，羽毛や［ 翼 ］のような前あしなどの［ 鳥 ］
　類の特徴をもっているが，爪などの［ は虫 ］類の特徴ももっている。

骨格

くちばしの
［ 歯 ］

長い［ 尾 ］

前あしの
［ 爪 ］

前あしが
［ 翼 ］に
なっている

外見（想像図）

体が
［ 羽毛 ］
で覆われている

□ **中間的な性質をもつ生物の化石（シソチョウ（始祖鳥））**

□ 地球上に最初に現れた脊椎動物は［ 魚 ］類で，一部が変化して［ 両生 ］
　類になり，さらに［ は虫 ］類・哺乳類，鳥類が出現したと考えられている。

❸ 生物の進化と環境　▶ 教 p.124-127

□ 動物の体のつくりなどを比べると，魚類，両生類，は虫類，鳥類の順に，
　［ 水中 ］の生活から［ 陸上 ］の生活に適したものになっていると考えら
　れる。このことは，植物についてもいえる。

テストに出る　進化の証拠を示す生物や化石，器官はよく出る。

Step 2 予想問題 **3章 生物の種類の多様性と進化**

10分
（1ページ10分）

単元2

【 脊椎動物の歴史 】

❶ 図は，脊椎動物の出現する年代を表したもので，㋐〜㋔は，それぞれの動物が地球上に現れた時点を示している。あとの問いに答えなさい。

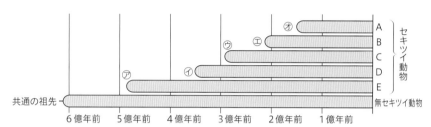

□ ❶ 図のA〜Eの動物は，それぞれ何類か。

A（　　　　　）類　　B（　　　　　）類　　C（　　　　　）類

D（　　　　　）類　　E（　　　　　）類

□ ❷ 脊椎動物が最初に陸上に進出したのは，図の㋐〜㋔のどの時点か。

（　　　　　）

【 進化の証拠 】

❷ 図は，3種類の脊椎動物（クジラ，コウモリ，ヒト）の前あしの骨格を比較したものである。あとの問いに答えなさい。

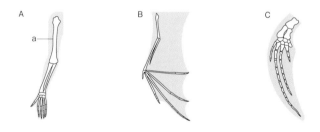

□ ❶ クジラの前あしを表しているものは，A〜Cのどれか。（　　　　　）

□ ❷ B，Cの動物の骨のうち，図のAのaに相当する骨をぬりなさい。

□ ❸ これらの比較から何がわかるか。簡潔に書きなさい。

（　　　　　　　　　　　　　　　　　　　　　　　　　）

□ ❹ このような器官を何というか。　　（　　　　　　　　）

ヒント ❷❶それぞれの前あしは，Aは物をつかむのに，Bは空を飛ぶのに，Cは泳ぐのに適している。

Step 3 予想テスト **単元 2 生命のつながり** 30分 /100点 目標 70点

❶ 図は，細胞分裂のいろいろな時期の細胞のようすを模式的に示したものである。aは分裂前の細胞，fは分裂後2つになった細胞である。また，b〜eの順序はばらばらになっている。あとの問いに答えなさい。

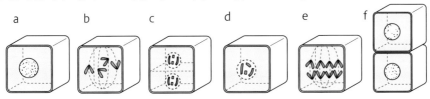

□ ❶ ①〜⑥の文は，a〜fのどの図を説明したものか。それぞれ記号で書きなさい。

① 核に変化が始まる。

② 染色体は細胞の両端に同じように分かれる。

③ 染色体は太く短くなって縦に2つに分かれる。

④ 核の中に細い糸のような染色体が見えてくる。

⑤ 細い糸のかたまりは核になる。仕切りができて，2つの細胞になる。

⑥ 分かれた染色体は細い糸のようなかたまりになる。真ん中に仕切りができ始める。

□ ❷ b〜eを，細胞分裂の順に並べなさい。

a → (　　　) → (　　　) → (　　　) → (　　　) → f

□ ❸ fのように細胞が2つに分裂したあと，あらたに分裂を始めるまでの間に，1つ1つの細胞の大きさはどのように変化するか。

❷ 図は，ヒトのさまざまな細胞の核の中の染色体のようすを模式的に示したものである。これについて，次の問いに答えなさい。

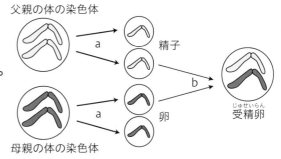

父親の体の染色体
a
精子
母親の体の染色体
卵
b
受精卵
（じゅせいらん）

□ ❶ 図の矢印aで示されている，精子や卵がつくられるときの特別な細胞分裂を何というか。

□ ❷ ヒトの体の細胞の核には，合計46本の染色体がふくまれている。❶の分裂によって，精子や卵の核に含まれる染色体は何本になるか。 思

□ ❸ 図の矢印bで示されている，精子と卵の核が合体することを何というか。

□ ❹ ❸で合体した細胞の核の染色体は何本になるか。

□ ❺ 「有性生殖では形質が両親と同じことも，異なることもある。」と発表した人物を答えなさい。

❸ エンドウの子葉の色には，黄色と緑色がある。図は，子葉の色に注目したかけ合わせの実験を示している。黄色の遺伝子の記号をY，緑色の遺伝子の記号をyとして，次の問いに答えなさい。

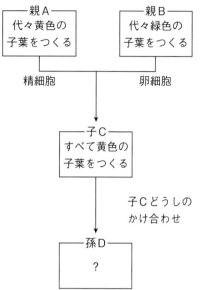

☐ **❶** 黄色と緑色は，どちらが顕性の形質か。

☐ **❷** 親A，親Bおよび子Cの細胞内の遺伝子の組み合わせとして適当なものを，それぞれ次の㋐〜㋔から選びなさい。〔思〕

  ㋐ YY ㋑ Yy ㋒ yy ㋓ Y ㋔ y

☐ **❸** 親Aがつくる精細胞，および親Bがつくる卵細胞のもつ遺伝子として適当なものを，それぞれ❷の㋐〜㋔から選びなさい。〔思〕

☐ **❹** 子Cがつくる精細胞や卵細胞の遺伝子には2種類あるので，孫Dの細胞の遺伝子の組み合わせは，次のようにして考えることができる。（ ）に適当な遺伝子の記号を書きなさい。〔思〕

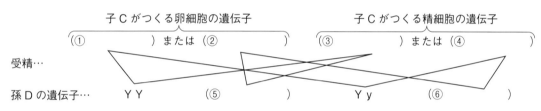

☐ **❺** 孫Dがつくる子葉の色について適当なものを，次の㋐〜㋓から選びなさい。〔思〕

  ㋐ すべて黄色 ㋑ すべて緑色 ㋒ 黄色：緑色＝3：1

  ㋓ 黄色：緑色＝1：3

❹ 次の問いに答えなさい。

☐ **❶** 生物が長い時間をかけ多くの代を重ねるうちに変化することを何というか。

☐ **❷** トカゲの前あしとツバメの翼のように，同じものから変化したと考えられる体の部分を何というか。

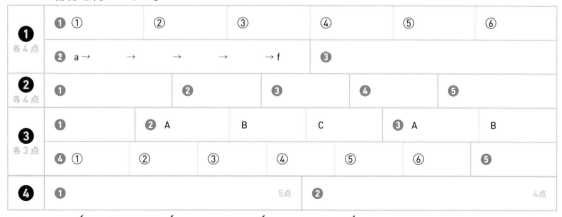

Step 1　基本チェック　1章 生物どうしのつながり　2章 自然界を循環する物質

10分

■ 赤シートを使って答えよう！

❶ 生物の食べる・食べられるの関係　▶ 教 p.140-144

□ ある環境の中で，生物どうしやまわりの環境が関連していて，これを 1 つ
　のまとまりと見たものを ［ 生態系 ］ という。

□ 生物どうしの食べる・食べられるという関係を線でつなぐと，複雑に入り
　組んだ網のようになる。このつながりを ［ 食物網 ］ という。

□ 生物どうしの食べる・食べられるという関係を 1 対 1 で順に結んだつなが
　りを ［ 食物連鎖 ］ という。

□ 無機物から有機物をつくる植物を ［ 生産者 ］，有機物をとりこむ動物を
　［ 消費者 ］ という。

❷ 生物どうしのつり合い　▶ 教 p.145-147

□ 食物連鎖で上位にくるものほど，とりこむ有機物の量が
　［ 少なく ］，個体数は ［ 少ない ］。

❸ 微生物による物質の分解　▶ 教 p.148-153

□ 肉眼では見えない微小な生物を ［ 微生物 ］ という。

□ 菌類，［ 細菌類 ］ や，土の中の小動物のうち，ふんや死がいなどを食べる
　ものを ［ 分解者 ］ といい，有機物を無機物に分解する。

❹ 物質の循環　▶ 教 p.154-155

□ 自然界では，炭素や酸素などが
　いろいろな物質にすがたを変え
　て，自然界を ［ 循環 ］ している。

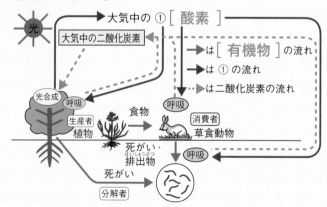

□ 食物連鎖のピラミッド

□ 自然界を循環する物質

食物連鎖のピラミッドで，それぞれの階層にどんな生物が入るか必ず覚えよう！

Step 2 予想問題 ● **1章 生物どうしのつながり**
　　　　　　　　● **2章 自然界を循環する物質**

30分
（1ページ10分）

単元3

【 食物連鎖 】

❶ 図は，食物連鎖の各段階の生物によってつくられたり，とり
こまれたりする物質の量を模式的に表したピラミッドである。
次の問いに答えなさい。

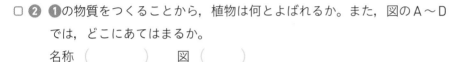

□ ❶ 食物連鎖において，つくられたり，とりこまれたりする物質は何
か。　（　　　　　　　）

□ ❷ ❶の物質をつくることから，植物は何とよばれるか。また，図のA～D
では，どこにあてはまるか。
名称（　　　　　　　）　　図（　　　　　）

□ ❸ 動物は❶の物質を，直接的・間接的にとりこんで生きていることから，
何とよばれるか。　（　　　　　　　）

□ ❹ 動物のうち，草食動物を食べる小形の肉食動物は，図A～Dのどこにあ
てはまるか。　（　　　　　）

□ ❺ 図のA，B，Cにあてはまる動物の体の大きさは，ふつうA→B→Cの
順にどうなるか。　（　　　　　　　）

□ ❻ 個体数は，ふつうA→B→Cの順にどうなるか。　（　　　　　　　）

□ ❼ 生物どうしの食べる・食べられるという関係を線でつなぐと，複雑に入
り組んだ網のようになる。このつながりを何というか。
（　　　　　　　）

【 土の中の小動物 】

❷ 図は，落ち葉の間や土の中で生活している小動物である。
次の問いに答えなさい。

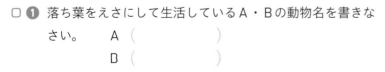

動物の死がいや落ち葉
などは，小動物の食料
となるよ。

□ ❶ 落ち葉をえさにして生活しているA・Bの動物名を書きな
さい。　A（　　　　　　　）
　　　　　B（　　　　　　　）

□ ❷ Cは，AやBなどの小動物を食べて生活している。Cの名
称を書きなさい。　（　　　　　　　）

□ ❸ 土の中での生物の食物連鎖の出発点は何か。
（　　　　　　　）

ヒント ❶❶植物が光のエネルギーを使ってつくるものである。

【微生物のはたらき】

❸ 図のように，ペトリ皿にデンプンを入れた寒天培地(ばいち)をつくり，花だんの土を少量入れた。次の問いに答えなさい。

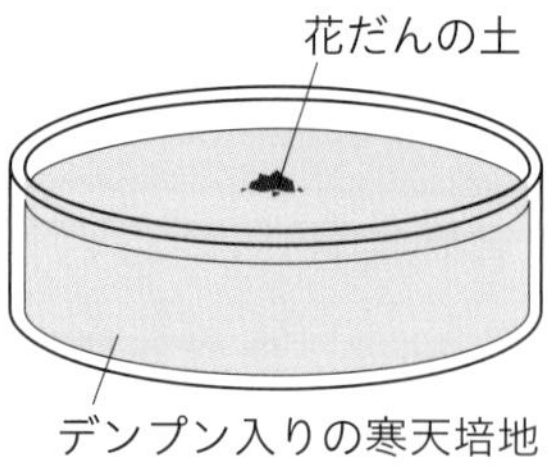
花だんの土
デンプン入りの寒天培地

□ ❶ 3日後に観察したところ，土とまわりのようすが変化していた。もともと土の中にすんでいて，培地でふえた微生物(びせいぶつ)にはどのようなものがあるか。㋐～㋓から2つ選びなさい。（　　　　）

㋐ 細菌類(さいきんるい)　㋑ ミミズ　㋒ プランクトン　㋓ 菌類(きんるい)

□ ❷ この培地にヨウ素液を加えたところ，青紫色(あおむらさきいろ)に変化しない部分があった。これは，微生物の呼吸により，デンプンが主にどんな物質に分解されたためか。㋐～㋓から2つ選びなさい。（　　　　）

㋐ 酸素　㋑ 二酸化炭素　㋒ 水　㋓ 水素

□ ❸ ❷で選んだ物質は，デンプンなどの有機物に対し，何とよばれるか。

（　　　　）

□ ❹ 花だんの土の中の微生物のように，有機物を❸の物質にまで分解する生物は，自然界では何とよばれるか。（　　　　）

□ ❺ 花だんの土を焼いて同じ実験をしたところ，土はほとんど変化がなく，土のまわりの部分にヨウ素液を加えると青紫色に変化した。この理由を簡潔に書きなさい。

（　　　　　　　　　　　　）

【生物の数のつり合い】

❹ サギはカエルを食べ，カエルは昆虫を食べる。次の問いに答えなさい。

□ ❶ ある地域でカエルが急激にふえると，サギの数はふえるか，減るか。

（　　　　）

□ ❷ ❶のとき，昆虫の数は，ふえるか，減るか。（　　　　）

□ ❸ ❶と❷の結果，カエルの数はどうなるか。（　　　　）

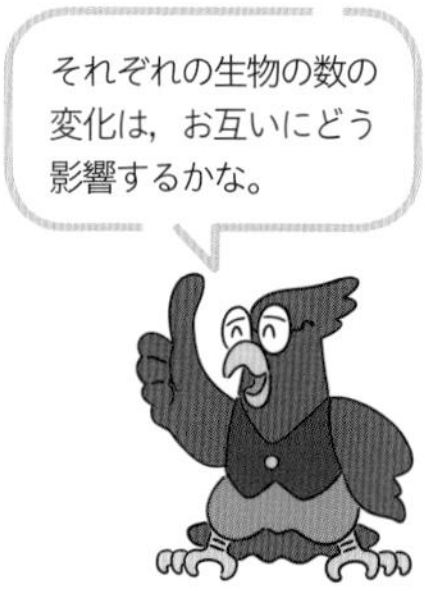
それぞれの生物の数の変化は，お互いにどう影響するかな。

[ヒント] ❸❺土を焼くと，土の中の微生物がどうなるかを考える。

［解答▶p. 8］

【物質の循環】

❺ 図は，自然界での炭素，酸素の循環(じゅんかん)を示したものである。あとの問いに答えなさい。

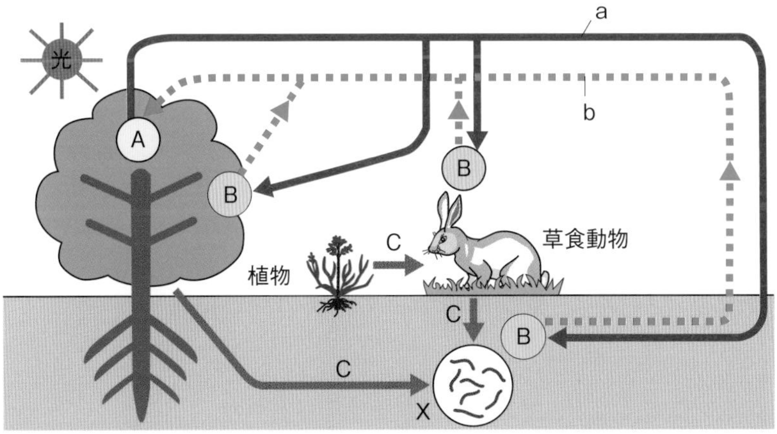

□ ❶ 植物は，図のAを行うことにより，大気中からbをとり入れてCをつくり出す。また，このとき大気中にaが出される。植物のAのはたらきを何というか。（　　　）

□ ❷ 植物は，bや水からCをつくり出すために，自然界では何とよばれているか。（　　　）

□ ❸ 植物によってつくり出されたCは，他の生物にとり入れられ，生物の間を移動する。Cは何か。（　　　）

□ ❹ Bは，地球上のすべての生物が行うはたらきで，大気中のaをとり入れ，Cを分解して生きるために必要なエネルギーをとり出すものである。また，このとき，大気中にはbが出される。Bのはたらきを何というか。

（　　　）

□ ❺ 動物は，自分ではCをつくらず，植物がつくり出したCを食べて生きているので，自然界では何とよばれているか。（　　　）

□ ❻ a，bの気体は，それぞれ何か。

a（　　　）　b（　　　）

□ ❼ Xの生物のうち，主に肉眼では見ることができない微小(びしょう)な生物を何というか。（　　　）

□ ❽ Xの生物は，呼吸によりCを分解して，別の物質に変える。どんな物質に変えるか。（　　　）

□ ❾ Xの生物は，Cを分解するというはたらきにより，自然界では何とよばれているか。（　　　）

□ ❿ Xのなかまを，㋐〜㋓から2つ選びなさい。（　　　）

㋐ アオカビ　㋑ ネズミ　㋒ ケイソウ　㋓ 乳酸菌

[ヒント] ❺❻動物のBによる気体の出入りに注目すると考えやすい。

［解答▶p. 8］

Step 3 予想テスト 自然界のつながり

30分　/100点　目標 70点

❶ 次の問いに答えなさい。

□ ❶ 食べる・食べられるという関係での生物どうしのつながりを何というか。

□ ❷ ㋐～㋓の生物を，食べられるものから食べるものへと順番に並べかえなさい。[思]

㋐ ネズミ　㋑ タカ　㋒ イネ　㋓ ヘビ

❷ 水中で生活するフナ，ケイソウ，ミジンコについて，次の問いに答えなさい。

□ ❶ フナ，ケイソウ，ミジンコのうち，生産者とよばれる生物はどれか。

□ ❷ フナ，ケイソウ，ミジンコそれぞれの個体数をA，B，Cとしたとき，ふつう，それぞれ個体数はどうなるか。多い順に並べなさい。[思]

❸ あとの問いに答えなさい。

[実験] 図のように，A，Bの二つのふくろを用意し，Aには土と水を混ぜてこした液aとデンプンのりを入れ，Bには液aを一度沸とうさせた液とデンプンのりを入れた。1日後ふくろの中の気体を石灰水に通すと，Aでは白くにごり，Bでは変化しなかった。

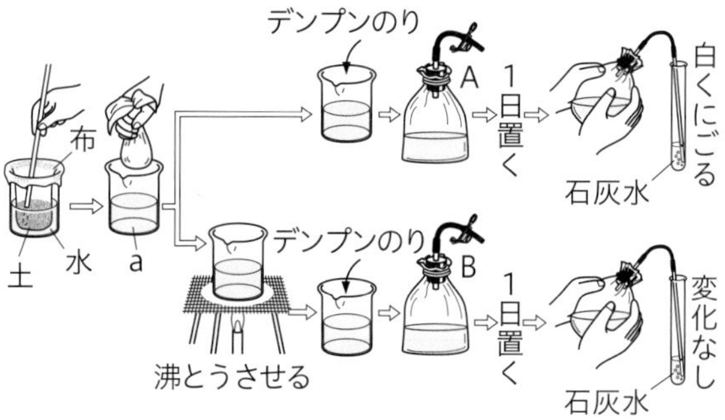

□ ❶ Bに入れる液aを一度沸とうさせるのはなぜか。㋐～㋒から選びなさい。[技]

㋐ 液の温度を一定にするため。　㋑ 液の中にいる微生物を殺すため。

㋒ 液の中にいる微生物の数をふやすため。

□ ❷ Aの石灰水が白くにごったのは，ふくろの中に何が発生したからか。[技]

□ ❸ ❷は，微生物の何によって発生したものか。

点UP □ ❹ この実験から2～3日後，A，Bそれぞれのふくろにヨウ素液を入れるとどうなるか。㋐～㋒から選びなさい。[思]

㋐ A，B両方とも青紫色に変化した。

㋑ Aは青紫色に変化したが，Bは変化しなかった。

㋒ Aは変化しなかったが，Bは青紫色に変化した。

□ ❺ 土の中の微生物は，有機物を無機物に分解することから何とよばれているか。

成績評価の観点　[技]…観察・実験の技能　[思]…科学的な思考・判断・表現

④ 図1は，自然界における生物どうしのつながりと物質の流れを模式的に示したものである。物質X・Yは気体を示し，実線の矢印は気体の流れを，点線の矢印は有機物の流れを示している。次の問いに答えなさい。

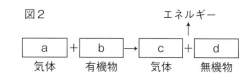

図1

- □ **❶** 物質Xの物質名を書きなさい。
- □ **❷** 生物Aは何か。㋐〜㋒から選びなさい。
    - ㋐ 草食動物　　㋑ 肉食動物　　㋒ 植物
- □ **❸** 図2は，呼吸のはたらきを模式的に示したものである。a〜dにあてはまる物質名をそれぞれ書きなさい。

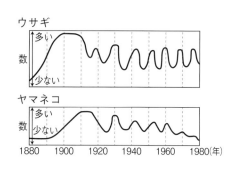

図2

- □ **❹** 生物Dのはたらきを簡潔に書きなさい。
- □ **❺** 生物Dは，そのはたらきから何とよばれているか。
- □ **❻** ㋐〜㋔の生物のうち，生物Dのなかまをすべて選びなさい。
    - ㋐ イネ　　㋑ シイタケ　　㋒ カナヘビ　　㋓ フクロウ　　㋔ 乳酸菌
- □ **❼** 生物A〜Dと，物質Yの間を循環するものを原子の記号で書きなさい。［思］

⑤ 図は，ウサギとヤマネコの数の変動を表したグラフである。ウサギとヤマネコの数の関係について，正しいものを㋐〜㋓から選びなさい。［思］
- ㋐ ウサギとヤマネコの数には関連が見られない。
- ㋑ ウサギがふえると同時にヤマネコが多くなる。
- ㋒ ウサギが少なくなると，ヤマネコはいなくなる。
- ㋓ ウサギがふえると少し遅れてヤマネコが多くなる。

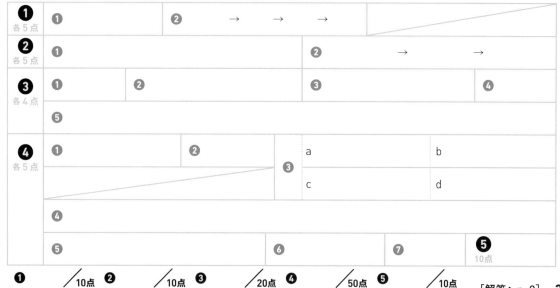

Step 1 | 基本チェック | 1章 水溶液とイオン

⏱ 10分

■ 赤シートを使って答えよう！

❶ 電流が流れる水溶液　▶ 教 p.168-175

☐ 水に溶かすと水溶液に電流が流れる物質を［ 電解質 ］(例：塩化ナトリウム, 塩化水素, 水酸化ナトリウム)，また水に溶かしても水溶液に電流が流れない物質を ［ 非電解質 ］(例：ショ糖，エタノール) という。

☐ 塩化銅水溶液の電気分解

塩化銅→［ 銅 ］＋［ 塩素 ］

☐ 塩酸の電気分解

塩酸→ ［ 水素 ］ ＋ ［ 塩素 ］
　　　　陰極　　　　　陽極

［ 陰極 ］ から発生する気体は，マッチの炎を近づけると音を立てて燃えるので，［ 水素 ］ だとわかる。［ 陽極 ］ から発生する気体は，色をつけたろ紙を近づけると色が消えることから ［ 塩素 ］ だとわかる。

☐ 電気を帯びた粒子を［ イオン ］という。＋の電気を帯びたものを ［ 陽イオン ］，－の電気を帯びたものを ［ 陰イオン ］ とよぶ。

☐ 電解質が水に溶けて，陽イオンと陰イオンに分かれることを ［ 電離 ］ という。

☐ 塩化ナトリウムの電離

塩化ナトリウム→ ［ ナトリウムイオン ］ ＋ ［ 塩化物イオン ］

❷ 原子とイオン　▶ 教 p.176-183

☐ 原子は，＋の電気をもった ［ 原子核 ］ が1個あり，そのまわりに－の電気をもった ［ 電子 ］ がいくつかある。原子核は，＋の電気をもった ［ 陽子 ］ と，電気をもっていない ［ 中性子 ］ からできている。

☐ 同じ元素でも，中性子の数がちがう原子のことを，［ 同位体 ］ という。化学的な性質はほとんど等しい。

☐ イオンを化学式で書くとき，記号の右肩に，やりとりした電子の ［ 数 ］ と電気の ［ ＋ ］ と ［ － ］ を符号で表す。

> 同位体は，同じ元素なのに中性子の数が異なる原子どうしのことをいうよ。

🖊 テストに出る　電気分解とイオンはよく問われる。化学式を使って表せるようにしておこう！

Step 2　予想問題　1章 水溶液とイオン

20分
（1ページ10分）

【 電流が流れる水溶液と流れない水溶液 】

❶ 図のような装置をつくり，塩酸，食塩水，水，砂糖水に電圧を加えたところ，塩酸と食塩水には電流が流れたが，水と砂糖水には電流が流れなかった。次の問いに答えなさい。

電源装置　水溶液　ステンレスの板

□ ❶ 電流が流れた水溶液では，溶けた物質が＋や－の電気を帯びた粒子に分かれている。

① 電気をもった粒子を何というか。　（　　　　　　）

② 原子が電子を受けとると，＋，－どちらの電気を帯びるか。また，そのようにしてできた①を何というか。

電気の符号（　　　）　名称（　　　　　　　）

③ 水に溶けたとき，電気を帯びた粒子に分かれる物質を何というか。
（　　　　　　）

□ ❷ 水に溶けても，電流が流れない物質を何というか。
（　　　　　　）

【 塩化銅水溶液の電気分解 】

❷ 図のようにして，電源装置につなぎ，塩化銅水溶液に電圧を加えた。次の問いに答えなさい。

－極へ
＋極へ

炭素棒　塩化銅水溶液

□ ❶ 陽極ではどのような変化が見られるか。
（　　　　　　）

□ ❷ 陰極に付着した物質をろ紙にとり，こするとどうなるか。
（　　　　　　）

□ ❸ 塩化銅は何と何に分解されたか。
（　　　　　　）

• •

💡ヒント ❶❶②電子は－の電気を帯びている。

【原子のつくり】

3 図は，ある原子を模式的に表したものである。次の問いに答えなさい。

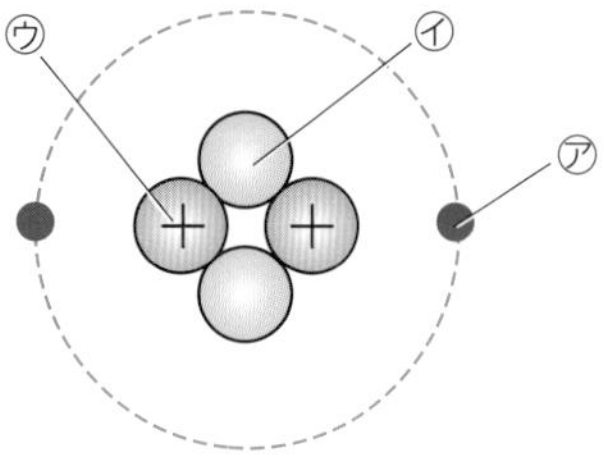
㋒
㋑
㋐

□ 1 ㋐，㋑，㋒は，それぞれ何を示しているか。名称を書きなさい。

㋐（　　　）㋑（　　　）㋒（　　　）

□ 2 ㋑と㋒を合わせて何というか。名称を書きなさい。

（　　　）

□ 3 同じ元素でも，㋑の数がちがう原子のことを何というか。

（　　　）

【イオンの表し方】

4 次の物質が水の中で電離するようすを，化学反応式で表しなさい。

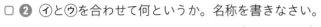

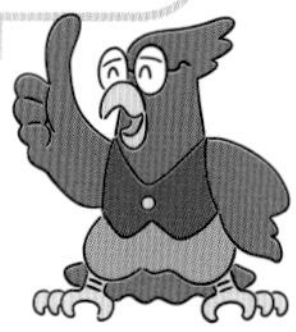
やりとりした電子の数と電気の＋と－の符号がポイントだよ。

□ 1 塩化水素の電離（　　　）

□ 2 塩化ナトリウムの電離（　　　）

□ 3 水酸化ナトリウムの電離（　　　）

□ 4 塩化銅の電離（　　　）

□ 5 硫酸の電離（　　　）

□ 6 塩化アンモニウムの電離（　　　）

【電離のようす】

5 図1は，電解質の水溶液を模式的に表したものである。次の問いに答えなさい。

図1

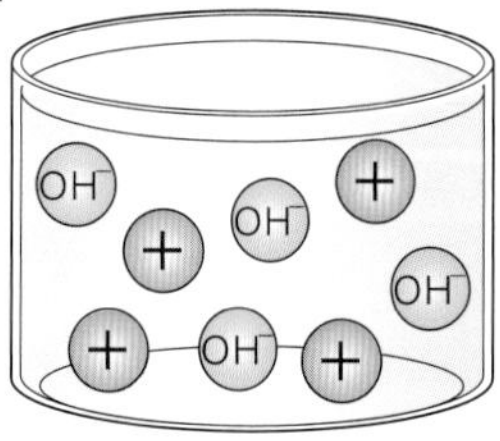
OH⁻
OH⁻
OH⁻
OH⁻
＋
＋
＋
＋

□ 1 [OH⁻]は何というイオンか。名称を書きなさい。

（　　　）

□ 2 図1が水酸化ナトリウムの水溶液の場合，[＋]は何イオンか。化学式を使って書きなさい。（　　　）

□ 3 図1にならって，塩化カルシウムの水溶液の模式図を図2にかきなさい。

図2

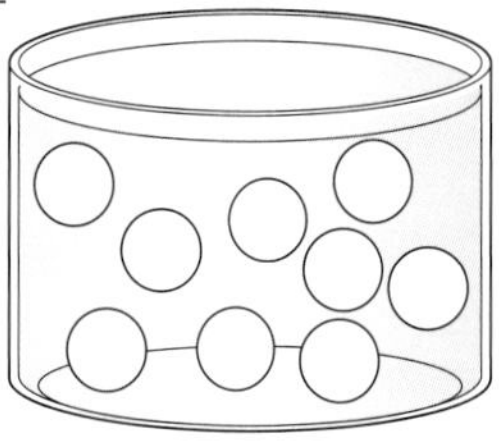

□ 4 3のとき，電離するようすを化学反応式で表しなさい。

（　　　）

□ 5 4の式の左側と右側では，原子の数はどうなっているか。

（　　　）

[ヒント] 5 3 カルシウムイオンと塩化物イオンの数に注意する。

[解答▶p.10]

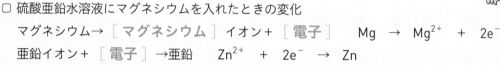

Step 1 基本チェック　**2章 化学変化と電池**　⏱ 10分

■ 赤シートを使って答えよう！

吹き出し：電子を化学反応式で表すときは，e⁻という記号を使うよ。

❶ イオンへのなりやすさ　▶ 教 p.184-190

☐ 硫酸銅水溶液に亜鉛板を入れたときの変化

　亜鉛 → ［亜鉛］イオン + ［電子］　　$Zn \rightarrow Zn^{2+} + 2e^-$

　銅イオン + ［電子］ → 銅　　$Cu^{2+} + 2e^- \rightarrow Cu$

☐ 硫酸亜鉛水溶液にマグネシウムを入れたときの変化

　マグネシウム → ［マグネシウム］イオン + ［電子］　　$Mg \rightarrow Mg^{2+} + 2e^-$

　亜鉛イオン + ［電子］ → 亜鉛　　$Zn^{2+} + 2e^- \rightarrow Zn$

☐ イオンへのなりやすさは金属の［種類］によって異なる。亜鉛は銅よりイオンになり［やすい］。亜鉛はマグネシウムよりイオンになり［にくい］。

❷ 電池とイオン　▶ 教 p.191-195

☐ 化学エネルギーを電気エネルギーに変える装置を，［電池（化学電池）］という。

☐ ダニエル電池のしくみ

　亜鉛板では［亜鉛］が電子を放出してイオンになる。

　$Zn \rightarrow Zn^{2+} + 2e^-$

　銅板では硫酸銅水溶液の中の［銅イオン］が電子を受けとる。

　$Cu^{2+} + 2e^- \rightarrow Cu$

☐ 電解質の水溶液に2種の金属を使った電池では，イオンになりやすい方の金属が［－極］になり，イオンになりにくい方の金属が［＋極］になる。

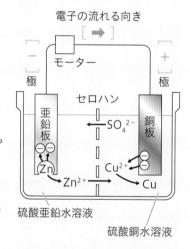

☐ **ダニエル電池のしくみ**

❸ いろいろな電池　▶ 教 p.196-197

☐ 充電できない電池を［一次電池］，充電できる電池を［二次電池］という。

☐ ［燃料電池］は，［水素］などの燃料が酸化される化学変化によって，化学エネルギーから電気エネルギーを連続的にとり出すしくみである。

テストに出る　金属と金属のイオンを含む水溶液で起こる化学変化を，電子の記号やイオンの化学式を使って表すことが問われる。イオンの化学式は何度も書いて覚えよう！

単元4

Step 2 予想問題 ： **2章 化学変化と電池**

⏱ **20分**
（1ページ10分）

【 イオンへのなりやすさ 】

❶ 図のように，硫酸銅水溶液に亜鉛板を入れて，その変化のようす を調べた。次の問いに答えなさい。ただし，電子はe⁻を使って表す。

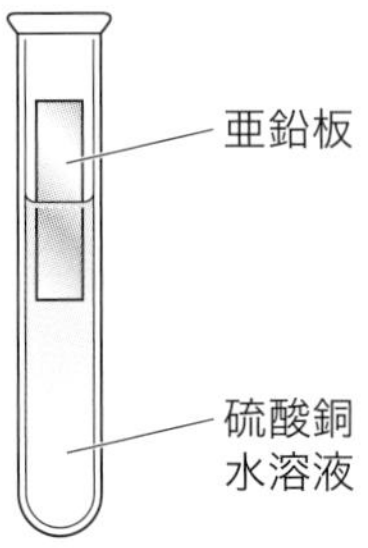

亜鉛板

硫酸銅
水溶液

□❶ 変化のようすについて，次のうち，正しいものを1つ選びなさい。

（　　　　　）

㋐ 亜鉛板がうすくなり，亜鉛板の表面に銅が付着した。
㋑ 亜鉛板の表面に亜鉛が付着した。
㋒ 亜鉛板の表面に銅と亜鉛が付着した。

□❷ 亜鉛原子に起こる化学変化を，化学反応式で表しなさい。

（　　　　　　　　　　　）

□❸ 硫酸銅が水溶液中で電離しているときのようすを，化学反応式で表しな さい。（　　　　　　　　　　　）

□❹ 硫酸銅水溶液中に含まれる銅イオンに起こる化学変化を，化学反応式で 表しなさい。（　　　　　　　　　）

□❺ 硫酸銅水溶液に亜鉛板を入れるかわりに，硫酸亜鉛水溶液に銅板を入れ ると，どのような変化が起こるか。（　　　　　　　　　）

□❻ 硫酸銅水溶液に亜鉛板を入れるかわりに，硫酸亜鉛水溶液にマグネシウ ム板を入れると，マグネシウム板の表面に何が付着するか。

（　　　　　　　　　）

□❼ 亜鉛，銅，マグネシウムを，イオンになりやすい順に並べなさい。

（　　　　　　→　　　　　　→　　　　　　）

【 イオンへのなりやすさ 】

❷ 金属のイオンへのなりやすさの差を調べるために，水溶液に金属を 入れて実験をした。表は，その結果を示したものである。次の問い に答えなさい。

□❶ ア〜ケのうち，金属板に物質が付着したものをす べて選びなさい。（　　　　　　　　）

□❷ 銅，亜鉛，マグネシウムのうち，最もイオンにな りやすいものを答えなさい。

（　　　　　　　　）

	銅板	亜鉛板	マグネシ ウム板
硫酸銅水溶液	ア	イ	ウ
硫酸亜鉛水溶液	エ	オ	カ
硫酸マグネシウム 水溶液	キ	ク	ケ

38

［解答 ▶ p.10］

【 電池とイオン 】

❸ 図はダニエル電池のしくみを模式的に表したものである。
次の問いに答えなさい。

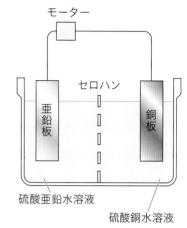

□ ❶ 金属板がやがてうすくなっていくのは，亜鉛板と銅板のど
ちらか。　　　（　　　　　　　　）

□ ❷ 亜鉛板は，＋極と－極のどちらになるか。　　（　　　　　）

□ ❸ ＋極で起こる化学変化を，化学反応式で表しなさい。
（　　　　　　　　　　　　　　　）

□ ❹ －極で起こる化学変化を，化学反応式で表しなさい。
（　　　　　　　　　　　　　　　）

□ ❺ ダニエル電池全体の反応は，❸❹を合わせた式で表せる。全体の反応を，
化学反応式で表しなさい。　　（　　　　　　　　　　　　　）

□ ❻ 電子は導線を通って移動する。このとき電子は＋極から－極へ流れるか，
それとも－極から＋極へ流れるか。　　（　　　　極から　　　　極）

【 いろいろな電池 】

❹ いろいろな電池について，次の問いに答えなさい。

□ ❶ 乾電池やリチウム電池は，電極で起こる化学変化を利用して何エネルギ
ーをとり出しているか。　　（　　　　　エネルギー）

□ ❷ 乾電池やリチウム電池は，電極での化学変化が進むとやがて使えなくな
る。このように，充電できない電池を何というか。　　（　　　　　　）

□ ❸ 自動車のバッテリーなどに使われている鉛蓄電池や，携帯電話などに使
われているリチウムイオン電池などのように，充電して繰り返し使える
電池を何というか。　　（　　　　　　　）

□ ❹ 燃料が酸化される化学変化によって化学エネルギーから電気エネルギー
をとり出すしくみを何というか。　　（　　　　　　）

□ ❺ ダニエル電池やボルタ電池は，次のうち，どのなかまに含まれるか。正
しいものを，㋐〜㋒から選びなさい。　　（　　　　）
㋐ 一次電池
㋑ 二次電池
㋒ 燃料電池

> ダニエル電池やボルタ
> 電池は，反応が進むう
> ちに，水溶液や電極の
> 金属板に変化が起こっ
> たね。

・・・

💡ヒント ❸❺反応後の式に書く金属のうち，イオンになりやすい方がイオンで表される。

Step 1 基本チェック　3章 酸・アルカリとイオン

10分

■ 赤シートを使って答えよう！

レモン汁（じる）や酢（す）は酸っぱい味がするね。

❶ 酸・アルカリ　▶ 教 p.198-209

☐ 水溶液が酸性を示す物質を［ 酸 ］という。酸性の水溶液には，次のような性質がある。

　1．［ 青 ］色のリトマス紙を［ 赤 ］色に変える。

　2．緑色のBTB液を［ 黄 ］色に変える。

　3．マグネシウムを入れると［ 水素 ］を発生させる。

　4．水に溶けて［ 水素 ］イオンH^+を生じる。

☐ 水溶液がアルカリ性を示す物質を［ アルカリ ］という。アルカリ性の水溶液には，次のような性質がある。

　1．［ 赤 ］色のリトマス紙を［ 青 ］色に変える。

　2．緑色のBTB液を［ 青 ］色に変える。

　3．フェノールフタレイン液を［ 赤 ］色に変える。

　4．水に溶けて［ 水酸化物 ］イオンOH^-を生じる。

☐ 中性の水溶液では，赤色・青色のリトマス紙ともに色が［ 変わらない ］。また，緑色のBTB液の色が［ 変わらない ］。

☐ 酸性やアルカリ性の強さは，pH［ ピーエイチ ］の数値で表す。pHが［ 7 ］のとき中性で，［ 7 ］より小さいほど酸性が強く，［ 7 ］よりも大きいほどアルカリ性が強い。

↓青色リトマス紙

［ 酸 ］性の水溶液

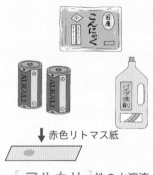

↓赤色リトマス紙

［ アルカリ ］性の水溶液

☐ **身のまわりの酸・アルカリ**

❷ 中和と塩　▶ 教 p.210-215

☐ 酸性の水溶液とアルカリ性の水溶液を混ぜて，互いの性質を打ち消し合う化学変化のことを［ 中和 ］という。このとき，酸の水素イオンとアルカリの水酸化物イオンとが結びついて［ 水 ］ができる。また，酸の陰イオンとアルカリの陽イオンが結びついてできた物質を［ 塩 ］という。

塩酸と水酸化ナトリウム水溶液の中和　$HCl + NaOH → NaCl + H_2O$

炭酸水と水酸化カルシウム水溶液の中和　$H_2CO_3 + Ca(OH)_2 → CaCO_3 + 2H_2O$

硫酸と水酸化バリウム水溶液の中和　$H_2SO_4 + Ba(OH)_2 → BaSO_4 + 2H_2O$

テストに出る　水溶液の性質を調べる問題では，指示薬の名前と色の変化がよく出る！
酸・アルカリの性質が何によるものか，イオンの名前とセットで覚えよう。

Step 2 予想問題 ：**3章 酸・アルカリとイオン**

30分
（1ページ10分）

単元4

【 酸性とアルカリ性 】

❶ 水溶液の酸性，アルカリ性を調べる指示薬について述べている㋐～
□ ㋔から，正しいものをすべて選びなさい。　　（　　　　　）

　　㋐ リトマス紙で酸性の水溶液を調べると，赤色のリトマス紙が青色に
　　　なる。

　　㋑ 緑色のBTB液で水溶液を調べると，酸性は青色，中性は無色，アル
　　　カリ性は赤色になる。

　　㋒ 緑色のBTB液で水溶液を調べると，酸性は黄色，中性は緑色，アル
　　　カリ性は青色になる。

　　㋓ フェノールフタレイン液は，アルカリ性の水溶液だと赤色になり，
　　　酸性の水溶液だと青色になる。

　　㋔ フェノールフタレイン液は，アルカリ性の水溶液だと赤色になり，
　　　酸性や中性の水溶液だと無色のままである。

【 酸性・アルカリ性とイオン 】

❷ 酸性・アルカリ性とイオンについて，次の問いに答えなさい。

□ ❶ 水溶液が酸性を示す物質を何というか。　　（　　　　　）

□ ❷ 酸性の水溶液に共通して含まれるイオンの名前と，そのイオンの化学式
　　を書きなさい。　　名前（　　　　　）　化学式（　　　　　）

□ ❸ 塩化水素が水溶液中で電離するときのようすを，化学反応式で表しなさ
　　い。　　（　　　　　　　　　）

□ ❹ うすい塩酸や酢にマグネシウムを入れると気体が発生する。その気体は
　　何か。　　（　　　　　）

□ ❺ 水溶液がアルカリ性を示す物質を何というか。　　（　　　　　）

□ ❻ アルカリ性の水溶液に共通して含まれるイオンの名前と，そのイオ
　　ンの化学式を書きなさい。　　名前（　　　　　）

　　　　　　　　　　　　　　化学式（　　　　　）

電離するときのようす
を表すので，化学式に
イオンが登場するよ。

□ ❼ 水酸化ナトリウムが水溶液中で電離するときのようすを，化学反応
　　式で表しなさい。　　（　　　　　　　　　）

⊗┃ミスに注意　❷❸❼電離は，化学変化の分解とは異なるので混同しないように注意する。

【 酸性・アルカリ性の強さ─pH 】

❸ pHについて,次のうち正しいものをすべて選びなさい。

□ (   )

⑦ pHは,その値が小さいほど酸性が強い。

⑦ 中性の水溶液のpHは 7 である。

⑦ pHが14に近い水溶液は強い酸性である。

⑦ レモン汁のpHはおよそ 9 である。

pHは,その値の大小で酸性・アルカリ性の強さが分かるよ。

【 中和と塩 】

❹ 図 1 のように,うすい塩酸をビーカーに10cm³とり,緑色のBTB液を数滴加えたものに,うすい水酸化ナトリウム水溶液を少しずつ加えてよくかき混ぜ,水溶液の変化を調べた。次の問いに答えなさい。

□ ❶ 塩酸に緑色のBTB液を加えると,どんな色になるか。

(   )

図 1

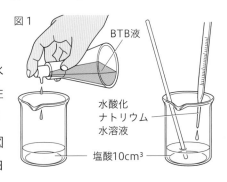

BTB液

水酸化ナトリウム水溶液

塩酸10cm³

□ ❷ 水酸化ナトリウム水溶液を少しずつ加えていくと,水溶液の色が緑色になった。このときの水溶液は,酸性・中性・アルカリ性のどれか。 (   )

□ ❸ 緑色になった水溶液をスライドガラスに 1 滴とり,図 2 のように動かしながら熱して水を蒸発させたら,白い固体が残った。この白い固体は何か。物質名を書きなさい。 (   )

図 2

熱して蒸発させる。

□ ❹ ❸のように酸の陰イオンとアルカリの陽イオンが結びついてできた物質を何というか。 (   )

□ ❺ 次の化学反応式は,❷のときの化学変化の一部を示そうとしたものである。

(   )にあてはまる化学式を答えなさい。

$$H^+ \ + \ OH^- \ \rightarrow \ (\qquad\qquad)$$

□ ❻ ❺のように,水素イオンと水酸化物イオンが結びつき,酸性とアルカリ性の互いの性質を打ち消し合う化学変化を何というか。

(   )

・・・

💡ヒント ❹❺示されている反応前のイオンどうしを組み合わせて考える。

 ［解答 ▶ p.11］

【いろいろな塩】

5 図は，うすい硫酸(りゅうさん)に水酸化バリウム水溶液を加えていったときに起こる化学変化を段階的にモデルで表したものである。これについて，次の問いに答えなさい。

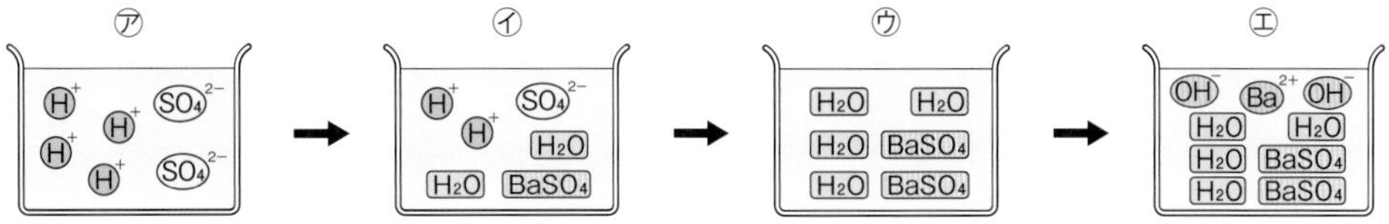

□ ❶ 酸性もアルカリ性も示さない水溶液はどれか。㋐〜㋓から選びなさい。

（　　　）

□ ❷ ㋐の水溶液が示す性質は，どのイオンによるものか。そのイオンの化学式を書きなさい。（　　　　）

□ ❸ ㋓の水溶液をリトマス紙につけると色が変化した。色は何色から何色に変化したか。（　　　　）から（　　　　）

□ ❹ この反応でできた塩(えん)は何か。物質名を書きなさい。

（　　　　）

□ ❺ ❹の物質は水溶液中でどのようになっているか。

（　　　　　　　　）

【酸性・アルカリ性の強さ─pH】

6 次の問いに答えなさい。

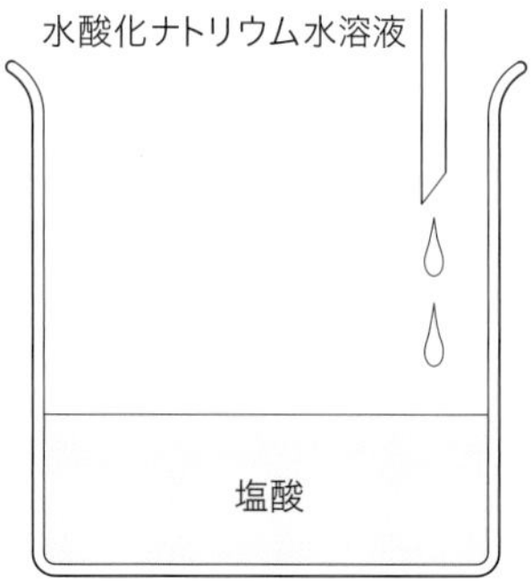

[実験1] 図のように，塩酸10 mLに緑色のBTB液を数滴加え，水酸化ナトリウム水溶液20 mLを加えたところ，液全体の色が緑色になった。

[実験2] 緑色になった液をスライドガラスに1滴(てき)とって加熱したところ，ガラス上に白い結晶(けっしょう)が残った。

□ ❶ 酸性の水溶液とアルカリ性の水溶液を混ぜ合わせると，互いの性質を打ち消し合う。これを何というか。（　　　）

□ ❷ スライドガラス上に残った白い結晶は何か。物質名を書きなさい。

（　　　　　）

□ ❸ 塩酸10 mLに緑色のBTB液を数滴加え，水酸化ナトリウム水溶液を30mL加えると，液の色はどうなるか。（　　　　　）

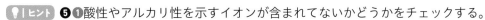

[ヒント] 5❶酸性やアルカリ性を示すイオンが含まれてないかどうかをチェックする。

[ミスに注意] 6❷塩(えん)は，物質名ではないので注意する。

Step 3 予想テスト

化学変化とイオン

30分　/100点　目標 70点

❶ 塩化銅水溶液中に炭素棒を電極にして電流を流した。次の各問いに答えなさい。

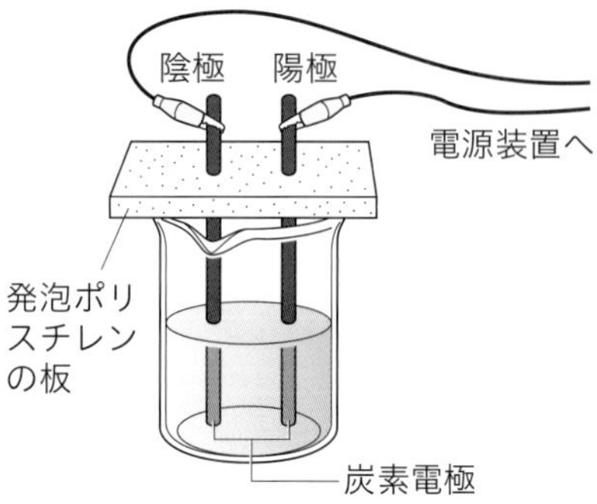
陰極
陽極
電源装置へ
発泡ポリスチレンの板
炭素電極

□ ❶ 塩化銅は水溶液中でどのように電離しているか。化学式を使って表しなさい。

□ ❷ 陽極，陰極で生じるものはそれぞれ何か。物質名を書きなさい。

□ ❸ 塩化銅水溶液に電流を流したときの化学変化を，化学反応式で表しなさい。

□ ❹ ❸の化学変化は，固体の状態の塩化銅でも起こるか。

❷ 図のように，うすい塩酸に亜鉛板と銅板を入れ，回路を組み立てたところ，モーターが回った。次の問いに答えなさい。

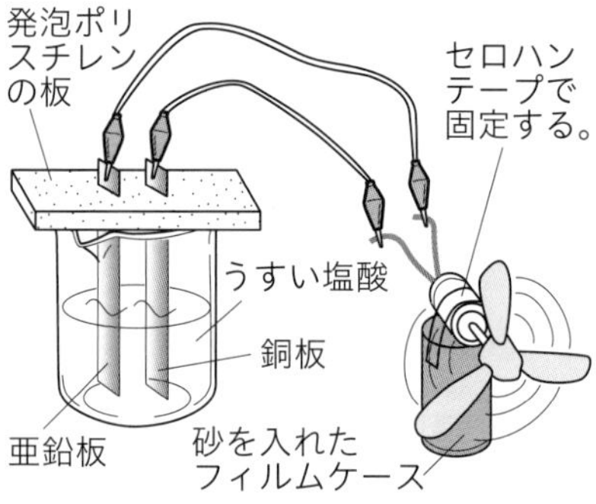
発泡ポリスチレンの板
セロハンテープで固定する。
うすい塩酸
銅板
亜鉛板
砂を入れたフィルムケース

□ ❶ 銅板付近を観察したようすを，次の㋐～㋒から選びなさい。

㋐ 白くにごった。

㋑ 小さな泡がついた。

㋒ 変化はなかった。

点UP □ ❷ 図の亜鉛板だけを変えた。次の㋐～㋓のうち，モーターが回るものをすべて選びなさい。

㋐ 鉄板　　㋑ アルミニウム板

㋒ 銅板　　㋓ ガラス板

点UP □ ❸ 図の水溶液の種類だけを変えた。次の㋐～㋒のうち，モーターが回るものをすべて選びなさい。

㋐ 食塩水　　㋑ 砂糖水　　㋒ 酢

□ ❹ モーターが動いている状態で観察を続けた。モーターの回転はどうなるか。次の㋐～㋒から選びなさい。

㋐ 数秒ごとに回転の向きが変わる。

㋑ しばらく回るが，やがて止まる。

㋒ いつまでも回り続ける。

□ ❺ このようなしくみを利用しているものを，次の㋐～㋒から選びなさい。

㋐ 乾電池　　㋑ 火力発電　　㋒ 太陽光電池

❸ 次の問いに答えなさい。

実験 ① 図のように，ガラス板の上に水道水で湿らせたろ紙を置き，その上に赤いリトマス紙と青いリトマス紙をのせた。

② 塩酸をしみこませた糸をリトマス紙の上に置いて，ろ紙の両端に電圧を数分かけたところ，リトマス紙の色に変化が起こった。

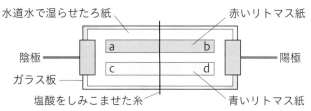

□ ❶ この実験で色が変化したリトマス紙の場所を，a〜dから選びなさい。

□ ❷ ❶で，リトマス紙の色を変化させた酸性を示すイオンは何か。

□ ❸ 塩酸のかわりに，水酸化ナトリウム水溶液をしみこませた糸を使って同様に実験をした場合，色が変化するリトマス紙の場所を，a〜dから選びなさい。

□ ❹ ❸で，アルカリ性を示すイオンは何か。

□ ❺ リトマス紙のように，酸性やアルカリ性を調べるものを何というか。技

❹ 酸性の水溶液とアルカリ性の水溶液を混ぜ合わせる実験について，次の問いに答えなさい。

□ ❶ 塩酸に緑色のBTB液を入れると何色になるか。技

□ ❷ 緑色のBTB液を入れた塩酸に水酸化ナトリウム水溶液を加えていき，緑色になったところで加えるのをやめたとき，水溶液はどのような性質か。

□ ❸ ❷の緑色になった液を1滴スライドガラスにとり，加熱して水を蒸発させたら白い固体が残った。これは何という物質か。

□ ❹ 酸性の水溶液とアルカリ性の水溶液を混ぜ合わせると，互いの性質を打ち消し合う化学変化が起こる。これを何というか。

□ ❺ ❹の化学変化で水以外にできる物質を何というか。

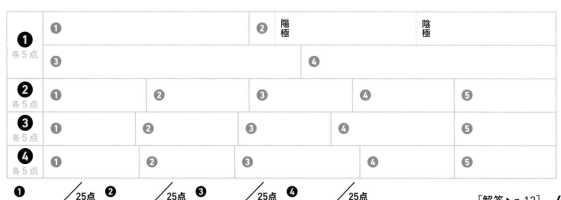

Step 1 基本チェック ● **1章 天体の動き** ⏱ 10分

■ 赤シートを使って答えよう！

❶ 太陽の1日の動き　▶ 教 p.230-233

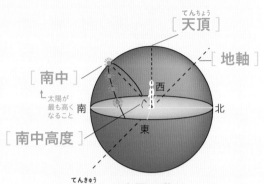
□ **天球での太陽の動き**

□ 太陽が昼ごろ，南の空で最も高くのぼることを
[南中] といい，このときの高度を
[南中高度] という。

□ 太陽の動く速さは [一定] であり，このよう
な動きを太陽の [日周運動] という。

□ 地球が [地軸] を軸として [西] から東へ約1
日に1回転していることを，地球の [自転] という。

❷ 星の1日の動き　▶ 教 p.234-238

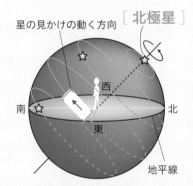
□ **天球での星の動き**

□ [天球] に貼りついて見える太陽や星は，私たちの
いる地点と [北極星] 近くを結ぶ線を軸にして，
[東] から西へ約1日で1回転している。

□ 星空全体が，1日に1回，[東] から西へ回転し
ているように見えることを星の [日周運動] と
いう。北の空の星は，北極星をほぼ中心に，
[反時計] 回りに回るように見える。

[北] [東] [南] [西]
↳方角を答えよう　□ **空の星の動き**

❸ 天体の1年の動き　▶ 教 p.239-243

□ 地球が太陽を中心としてそのまわりを1年で1
回転することを，地球の [公転] という。

□ 決まった方角に同じ時刻に見える星座は，ほぼ
一定の速さで移り変わり，1年でもとの位置に
戻る。このことを，星の [年周運動] という。

□ 季節によって見える星座が移り変わるのは，地
球が [公転] しているためである。

□ 天球上での太陽の通り道を [黄道] という。

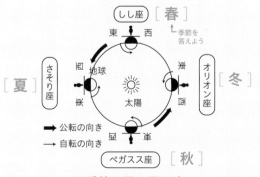
□ **季節と星の見え方**

📝 テストに出る　星の見え方の問題で方角が問われる。太陽が東から南にのぼって西に沈むイメージを
つかもう。

Step 2 予想問題 1章 天体の動き

30分（1ページ10分）

【太陽の1日の動き】

1 図1のように，透明半球を白い紙の上に置いて，太陽の動きを調べた。このとき，次の問いに答えなさい。

図1

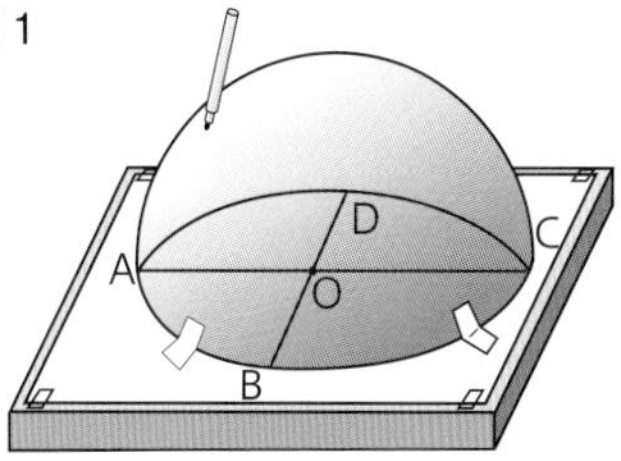

□ 1 太陽の位置を透明半球に記録するとき，油性ペンの先端の影が白い紙にかいた円のどこと一致するようにすればよいか。図中の記号で答えなさい。（　　）

□ 2 1時間ごとに記録した印の間隔は，どのようになっているか。㋐〜㋒から選びなさい。（　　）

㋐ 朝と夕方は間隔が広く，昼ごろ最も狭くなった。

㋑ 朝と夕方は間隔が狭く，昼ごろ最も広くなった。

㋒ 1日中同じ間隔だった。

□ 3 図2は，記録した印を滑らかな線で結んだものである。これは何を示しているか。

（　　　　　　）

図2

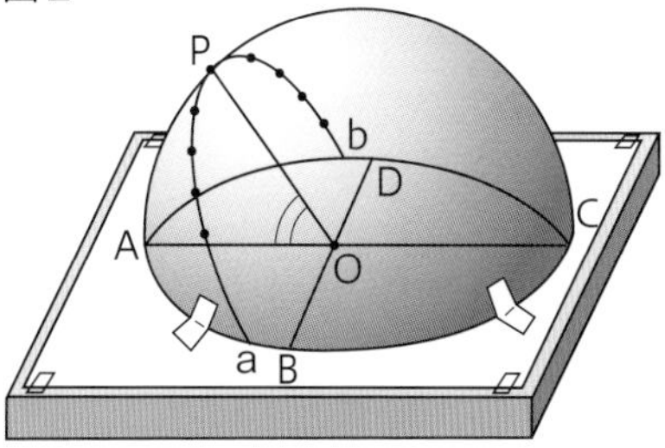

□ 4 図2のa・bは，印を結んだ線が透明半球のふちとぶつかったところである。aは何の位置を表しているか。

（　　　　）

□ 5 図2の点Pのように，太陽が真南の位置にきたときを，太陽の何というか。

（　　　　）

□ 6 5のとき，∠POAを何というか。（　　　　）

【地球上の方位】

2 地球上の方位について，次の問いに答えなさい。

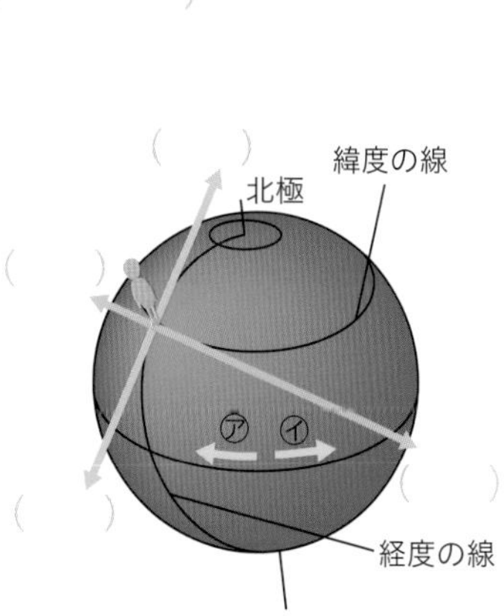

□ 1 北極と南極を結ぶ軸を何というか。（　　　　）

□ 2 図の（　　）に，東西南北を書き入れなさい。

□ 3 地球の自転の向きは，㋐・㋑のどちらか。（　　　）

[×] ミスに注意 2 2北極や南極の方向は変わらないが，東西方向は自転によって方向が変わっていくことに注意する。

[解答▶p.13]

【 星の1日の動き 】

❸ 図は，日本でオリオン座を観察したときの記録である。観察は午後
8時から1時間おきに行い，オリオン座をかいた紙を見えた位置に
貼っていった。次の問いに答えなさい。

☐ ❶ 図のA〜Cの方位は，それぞれ東西南北のどれか。

　　A（　　　　　）　B（　　　　　）　C（　　　　　）

☐ ❷ 午後11時，12時にオリオン座の見えるおおよその位置を，図のオリオ
ン座をかいた紙を参考にして，それぞれ図にかき入れなさい。

☐ ❸ オリオン座の動く速さは変化しているか，一定か。　（　　　　　　　）

☐ ❹ 翌日の同じ時刻に同じように観察すると，オリオン座の位置は前日とほ
ぼ同じか，大きく変わっているか。　（　　　　　　　　　）

【 星の1日の動き 】

❹ 図は，日本で北の空を観察してスケッチしたものである。
次の問いに答えなさい。

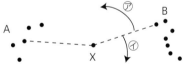

☐ ❶ Aは何という星座か。　（　　　　　　　　）

☐ ❷ Bの星の集まりは何とよばれているか。

　　　　　　　　　（　　　　　　　　）

☐ ❸ 星は，㋐，㋑のどちらのほうに動いたか。　（　　　）

☐ ❹ Xの星は，時間がたってもほとんど動いていなかった。この星を何とい
うか。　（　　　　　）

☐ ❺ 星空全体が，1日に1回，回転しているように見えることを星の何運動
というか。　（　　　　　　　）

☐ ❻ ❺では，1時間に約何度ずつ，一定の速さで動いているように見えるか。

　　　　　　　　　　　　　　　　（　　　　　）

••

❌|ミスに注意 ❹❻太陽や星は，1日（24時間）に1回（360°）回転しているように見える。ここ
から，1時間あたりの角度を求める。

【空の星の動き】

❺ 図は，日本で東・西・南・北の空の一定時間の星の動きを観察して，記録したものである。次の問いに答えなさい。

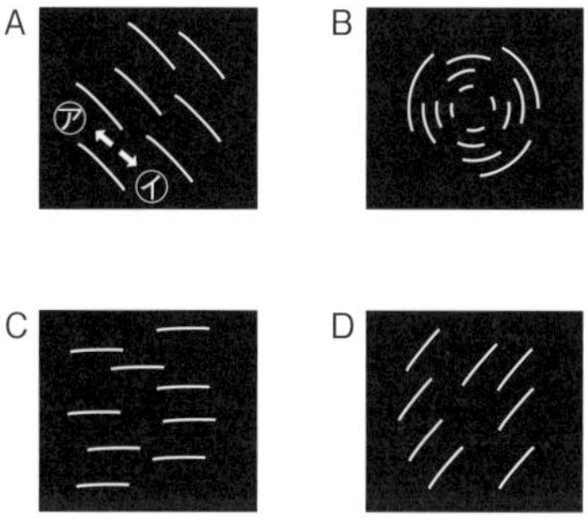

□ ❶ A～Dの方角は，それぞれ東西南北のどれか。

A（　　　）　B（　　　）
C（　　　）　D（　　　）

□ ❷ Aの図で，星は㋐，㋑のどちらに動いたか。

（　　　）

【四季の星座の移り変わり】

❻ 四季の星座の移り変わりについて，次の問いに答えなさい。

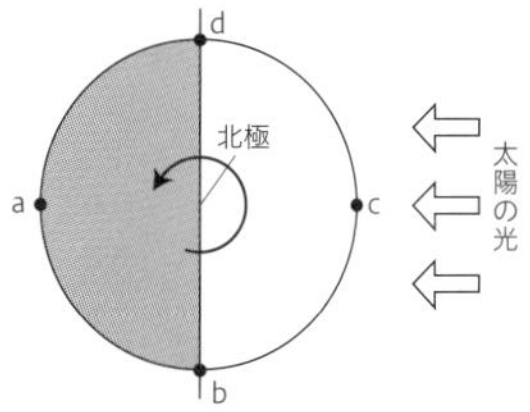

□ ❶ 右の図は，右側から太陽の光が当たっている地球を拡大したものである。a～dの位置のときは，1日のいつか。㋐～㋓からそれぞれ選びなさい。

a（　　　）　b（　　　）　c（　　　）　d（　　　）

㋐ 日の出　㋑ 日の入り　㋒ 真夜中　㋓ 昼ごろ

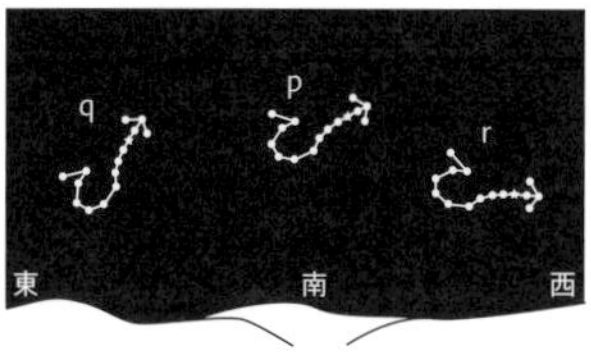

□ ❷ 右の図で，ある年の6月29日午後10時にさそり座を観察したところ，pの位置に見えた。1か月後，同じ時刻に観察するとき，さそり座が見えるのは，q，rのどちらか。（　　　）

□ ❸ 同じ時刻に見えるさそり座の方向が月日とともに移っていくのは，地球の何という動きによるものか。（　　　）

【地球の公転】

❼ 図は，地球から見たとき，天球（てんきゅう）上に見える星座と，その間を動く太陽の道すじを表したものである。次の問いに答えなさい。

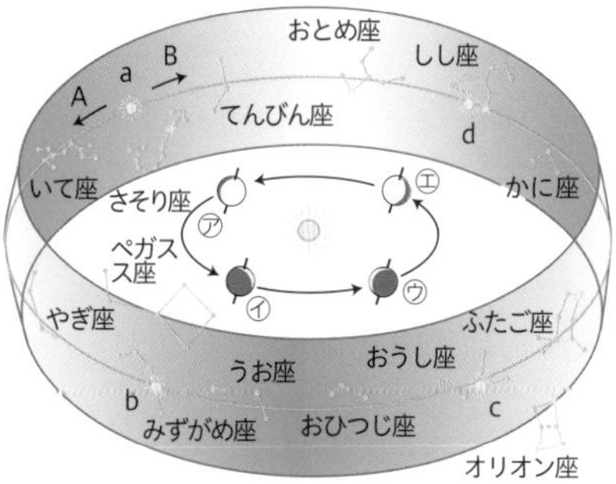

□ ❶ 地球から見たとき，天球上を動く太陽の道すじを何というか。（　　　）

□ ❷ 地球が㋐の位置にあるとき，太陽は図のa～dのどの位置に見えるか。（　　　）

□ ❸ ❶の道すじで，星座の間を太陽が移動する向きは，図のA・Bのどちらか。（　　　）

ヒント ❻❶ bでは，夜から朝に変わる。dでは，昼から夜に変わる。

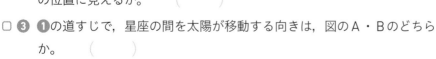

Step 1　基本チェック　2章 月と惑星の運動①

10分

赤シートを使って答えよう！

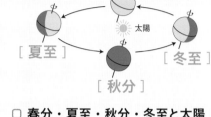

[春分]
[夏至]　太陽　[冬至]
[秋分]

❶ 地球の運動と季節の変化　▶ 教 p.244-247

☐ 太陽の南中高度は，夏至が最も[高く]，冬至が最も[低く]なる。

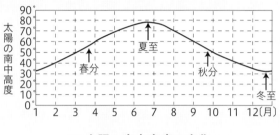

☐ **太陽の南中高度の変化**

☐ **春分・夏至・秋分・冬至と太陽**

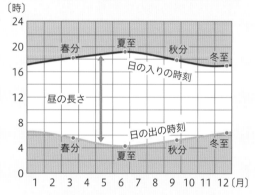

☐ **季節による昼の長さの変化**

☐ 日の出・日の入りの方角は，夏至のころは，真東・真西よりも[北]寄り，冬至のころは，真東・真西よりも[南]寄りになる。

☐ [夏]は太陽の南中高度が[高]くなり，昼が[長]くなって，地面を照らす太陽光の量が[増え]るため，気温が高くなる。

☐ [冬]は太陽の南中高度が[低]くなり，昼が[短]くなって，地面を照らす太陽光の量が[減]るため，気温が低くなる。

☐ [地軸]が公転面に立てた垂線に対し，[23.4]°傾いたまま，地球が[公転]しているため，太陽の南中高度が変化する。

☐ 四季の変化は，[昼]の長さや太陽の[南中]高度の変化によって起こる。

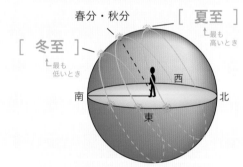

春分・秋分　[夏至]最も高いとき
[冬至]最も低いとき
南　西　北　東

☐ **季節による太陽の動きと南中高度のちがい**

南中高度が高いほうが，同じ面積の地面に当たる光の量が多くなるよ。

テストに出る　季節による南中高度のちがいとその原因が問われる。必ず図とセットで覚えて理解しよう。また，地球の自転と公転をはっきりと区別しておくこと。

Step 2 予想問題 2章 月と惑星の運動①

30分（1ページ10分）

【季節の変化と気温】

❶ グラフは，季節による太陽の南中高度の変化を表したものである。次の問いに答えなさい。

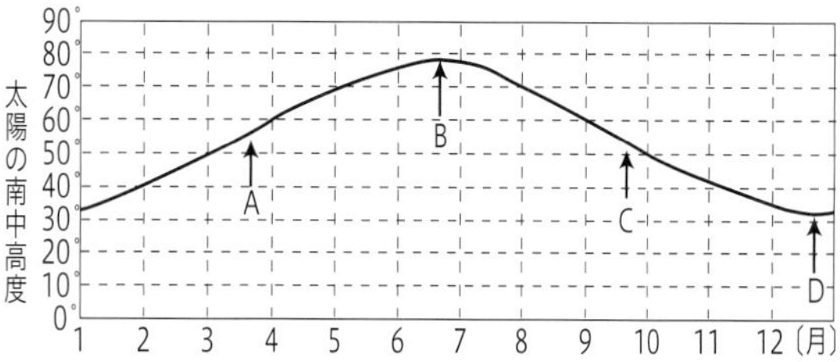

□ ❶ グラフ上のA～Dは，暦（こよみ）の上で何とよばれている日か。それぞれ漢字2文字で書きなさい。

A（　　　　）の日　B（　　　　）の日

C（　　　　）の日　D（　　　　）の日

□ ❷ 図のような，太陽放射測定器を水平に置き，正午から10分間の水温の上昇をはかった。水温が最も上昇したのは，グラフのA～Dのいつか。（　　　）

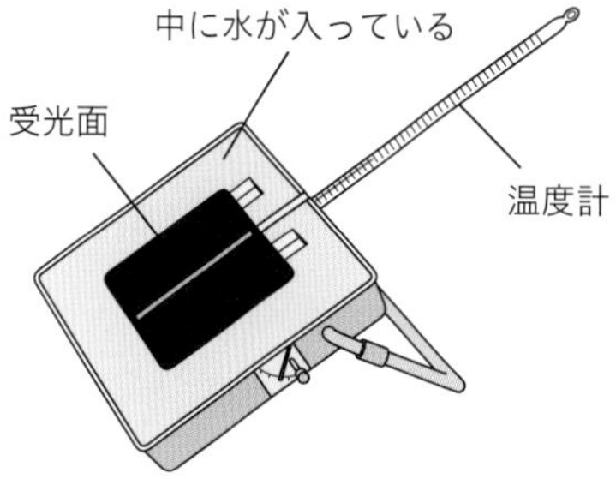

□ ❸ ❷のような結果になった主な原因を，㋐～㋒から選びなさい。（　　　）

㋐ 太陽光の当たる角度　㋑ 太陽光の強さ　㋒ 日照時間

【太陽の通り道と地軸の傾き】

❷ 図1は，日本での春分・夏至（げし）・秋分・冬至（とうじ）の太陽の通り道を天球（てんきゅう）上に示したものである。図2は，公転（こうてん）している地球のようすを表している。次の問いに，図1のA～Cと，図2の㋐～㋓からそれぞれ選びなさい。

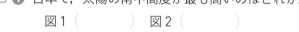

図1

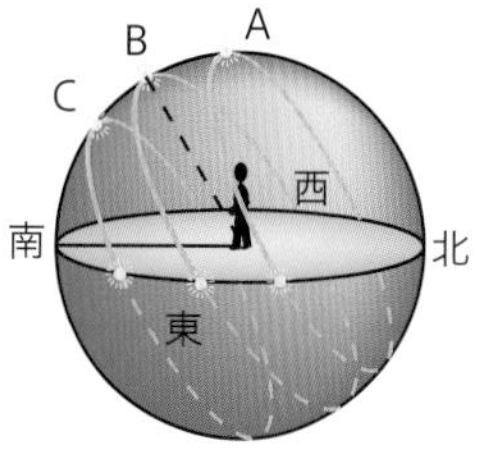

□ ❶ 日本で，太陽の南中高度が最も高いのはどれか。

図1（　　　　）　図2（　　　　）

□ ❷ 日本で，日の出のとき，太陽が真東よりも南の方角からのぼるのはどれか。

図1（　　　　）　図2（　　　　）

図2

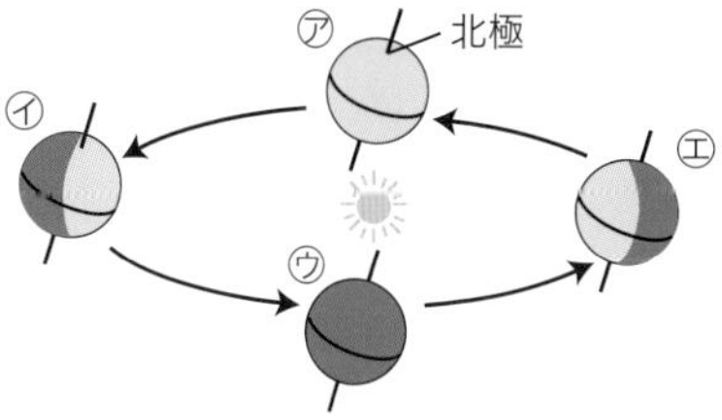

□ ❸ 春分の日のものはどれか。

図1（　　　　）　図2（　　　　）

ヒント ❷❶南中高度が最も高い季節は夏である。

【 地軸の傾き 】

❸ 図は，太陽のまわりを公転している地球の季節ごとの位置を示している。次の問いに答えなさい。

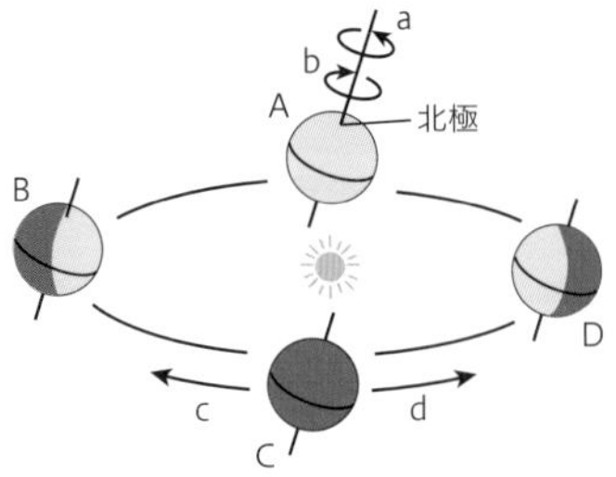

□ **❶** 地球の自転の向きは，a，b のどちらか。
（　　　　　　　）

□ **❷** 地球の公転の向きは，c，d のどちらか。
（　　　　　　　）

□ **❸** 日本で，昼が最も長くなるのは，地球がA～Dのおよそどの位置にあるときか。　（　　　　　　　）

□ **❹** ❸のときの，日本の季節は，春，夏，秋，冬のうちのどれか。　（　　　　　）

□ **❺** 日本で，太陽の南中高度が最も低いのは，地球がA～Dのおよそどの位置にあるときか。　（　　　　　）

□ **❻** ❺のときの日は，何という日か。　（　　　　　　　）

□ **❼** 図のように，地球は地軸が傾いたまま公転している。公転面に立てた垂線に対し，地軸は何度傾いているか。　（　　　　　　　）

□ **❽** 地球の地軸が傾いているために，季節によって変化することを，次の⑦～⒤から2つ選びなさい。　（　　　　　　　）
　⑦ 太陽の南中高度　　⒤ 見える星座
　⑦ 公転周期　　　　　⒤ 昼の長さ

□ **❾** 春分や秋分の日に，昼の長さと夜の長さを比べるとどうなっているか。　（　　　　　　　　　）

> 春分や秋分の日には，太陽は真東からのぼって真西に沈（しず）むよ。

【 太陽の動きと地球の回転 】

❹ 図は，太陽の動きを地球の回転で説明したものである。次の問いに答えなさい。

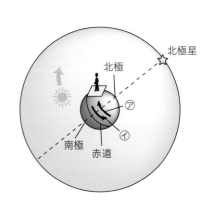

□ **❶** 地球は約1日に1回転している。これを地球の何というか。　（　　　　　）

□ **❷** ❶の向きは，⑦，⒤のどちらか。　（　　　　　）

□ **❸** 北極と南極を結ぶ線を何というか。　（　　　　　　）

□ **❹** 季節によって，太陽の動きが変化する。日の出・日の入りの方角が最も北寄りになるのは，春，夏，秋，冬のうち，いつの季節のときか。　（　　　　　）

・・・

❓ヒント ❸❶❷自転も公転も，北極側から見て時計と反対の向きに回る。

【 地軸の傾きと季節の変化 】

❺ 図1は，太陽のまわりを公転している地球のようすを表している。また，図2は，季節による日の出と日の入りの時刻を表したグラフである。次の問いに答えなさい。

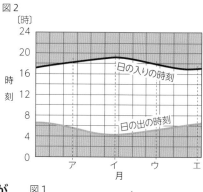

図1

□ ❶ 日本での夏至の日を表しているものを，図1のA～D，図2のア～エから選びなさい。

図1（　　　）　図2（　　　）

□ ❷ 図1で，昼の長さと夜の長さがほぼ同じになる日を表しているのは，A～Dのどの位置にあるときか。すべて選びなさい。（　　　　　）

□ ❸ 日本での冬至の日を表しているものを，図1のA～D，図2のア～エから選びなさい。

図1（　　　）　図2（　　　）

図2

【 太陽の動きと季節の変化 】

❻ 図1は，光の当たる角度と受光面に受ける光の量のちがいを表したものである。また，図2は，太陽の南中高度の変化，図3は季節による昼間の長さの変化についてのグラフである。次の問いに答えなさい。

図1

□ ❶ 図1のうち，夏の太陽の光の当たり方を表しているのは，A，Bのどちらか。（　　　）

□ ❷ 次の文の（　　）に当てはまることばを書きなさい。
太陽の南中高度は，夏は①（　　　），冬は②（　　　）なる。夏は，太陽が同じ面積あたりの地面を照らす光の量が③（　　　）。また，夏は冬よりも昼間の時間が④（　　　）なる。このことより，夏のほうが冬よりも気温が高くなる。

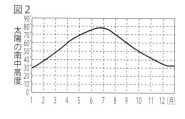

図2

□ ❸ 季節の変化が生じるはなぜか。次の文の（　　）に当てはまることばを書きなさい。
地球が地軸を①（　　　　　　　　　）ため，②（　　　　　　）や③（　　　　　）が変化するから。

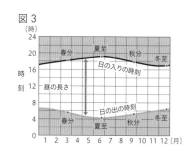

図3

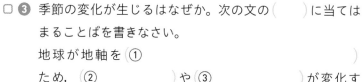

❻❸地球が1年をかけて，どのような動きをしているかを考える。

Step 1 基本チェック　2章 月と惑星の運動②

⏱ 10分

■ 赤シートを使って答えよう！

❷ 月の運動と見え方　▶ 教 p.248-252

□ 月の形は，毎日少しずつ形を変えているように見える。これを月の［ 満ち欠け ］という。新月の瞬間から，半月（［ 上弦の月 ］），満月，半月（［ 下弦の月 ］）となって再び新月に戻るまでに，約29.5日かかる。

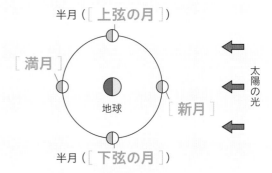

半月（［ 上弦の月 ］）

［ 満月 ］　地球　［ 新月 ］

太陽の光

半月（［ 下弦の月 ］）

□ **月の公転と見え方**

□ 月は，［ 太陽 ］の光を反射して地球のまわりを［ 公転 ］しているため，光の当たり方で満ち欠けして見える。

□ 月を次の日の同じ時刻に観察すると，前の日に観察した位置より［ 東 ］に見える。これは，月が地球の北極側から見て［ 反時計 ］回りに公転しているからである。

□ ［ 日食 ］とは，地球から見て太陽が［ 月 ］に隠されてその一部または全部が欠ける現象である。

□ 地球の影に月が入り，月の一部または全部が欠けることを［ 月食 ］という。

□ 地球と月と太陽がほぼ［ 一直線 ］上に並んだとき，日食や月食が起こる。

□ 太陽と月の見かけの大きさがほとんど［ 同じ ］であるため，地球と月と太陽が一直線に並ぶと日食や月食が起こる。

❸ 惑星の運動と見え方　▶ 教 p.253-255

□ 太陽のように，自ら光を出している天体を［ 恒星 ］という。

□ 地球や金星のように，恒星のまわりを公転し，恒星の光を反射して光っている天体を［ 惑星 ］という。

夕方西の空に見える
［ よいの明星 ］

明け方東の空に見える
［ 明けの明星 ］

□ 明け方に［ 東 ］の空に見える金星を［ 明けの明星 ］，夕方に［ 西 ］の空に見える金星を［ よいの明星 ］という。

□ **金星の見え方**

テストに出る

月や金星の見え方が出る。地球から見たらどのように満ち欠けして見えるか，太陽の光の当たる部分などを図にかきこみながら考えよう。

Step 2 予想問題　2章 月と惑星の運動②

30分（1ページ10分）

【月の見え方】

❶ 図1は，月の見え方を表したものである。また，図2は，月と地球の位置関係を表したものである。次の問いに答えなさい。

図1

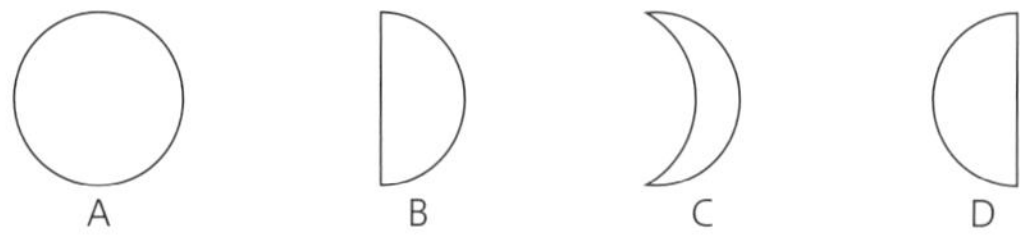

□ ❶ 図1のA～Dを，新月から変化していく順に並べなさい。

新月→（　　　）→（　　　）→（　　　）→（　　　）

□ ❷ 図1のA～Dの月は，図2の㋐～㋗のどの位置のときか。それぞれ書きなさい。

A（　　　）　B（　　　）
C（　　　）　D（　　　）

図2

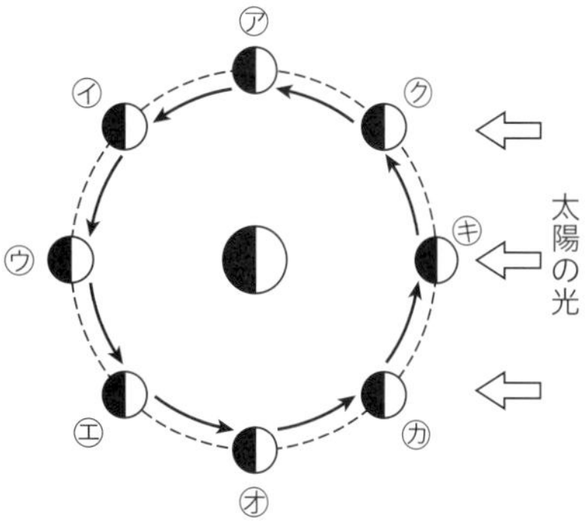

□ ❸ 新月は，月が図2の㋐～㋗のどの位置にきたときか。（　　　）

【月の位置の変化】

❷ 月の見え方について調べるため，次のような観察を行った。次の問いに答えなさい。

① ある日の午後6時に，日本のある地点で月を観察した。右の図はそのスケッチである。

② ①の観察から3日後の午後6時に，再び同じ場所で月の観察を行い，右の図にかき加えた。

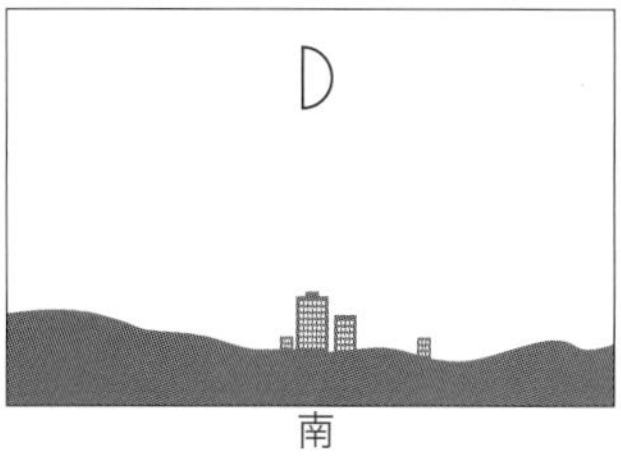

□ ❶ ①のときの，地球に対する月の位置はどこか。❶の図2の㋐～㋗から選びなさい。（　　　）

□ ❷ ②でできあがったスケッチを次の㋐～㋓から選びなさい。（　　　）

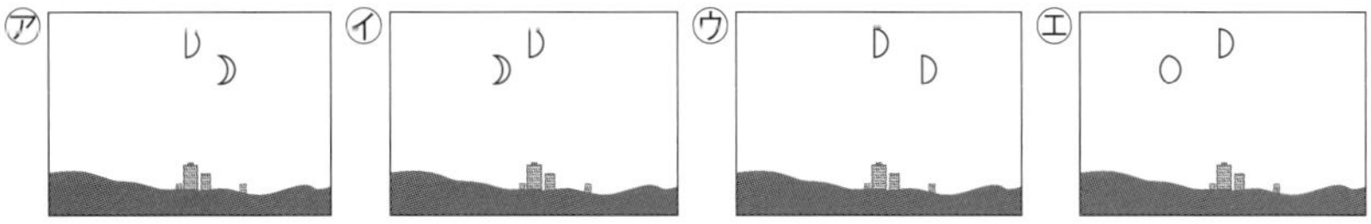

[ヒント] ❶図2で，上から地球や太陽を見下ろしたとき，太陽の光の当たっている部分を見るとすべて右側が光って見えるが，地球から月を見たらどのように見えるか考える。

【日食・月食】

❸ 図を見て，次の問いに答えなさい。

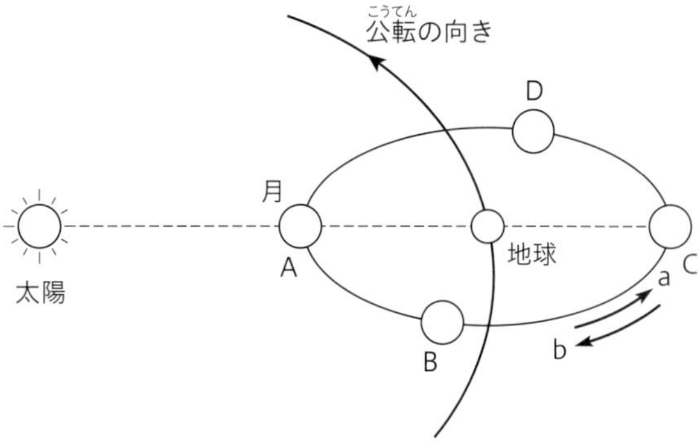

□ ❶ 月は，地球のまわりを，図のa，bどちらの向きに回っているか。
（　　　）

□ ❷ 図のような位置に地球，太陽があるとき，月がA～Dのどの位置にきたとき，日食（にっしょく），月食（げっしょく）がそれぞれ起こるか。
日食（　　　）　月食（　　　）

□ ❸ 日食が起こるときの月は，新月，半月，満月のうちどれか。
（　　　）

□ ❹ ㋐～㋒のうち，正しいものをすべて選びなさい。（　　　）
㋐ 月と太陽は，実際に同じ大きさである。
㋑ 月と太陽は，地球から見た見かけの大きさが等しい。
㋒ 太陽と月の，地球からの距離（きょり）の比と大きさの比は等しい。

□ ❺ 日食が起きてから次の満月，次の新月までにかかる日数を，㋐～㋓からそれぞれ選びなさい。　満月（　　　）　新月（　　　）
㋐ 約7日　㋑ 約15日　㋒ 約21日　㋓ 約30日

【日食・月食】

❹ 次の問いに答えなさい。

□ ❶ 日食のときの月と太陽と地球の位置関係はどうなっているか。右の図1に，太陽，地球，月の名称を書き入れて，位置関係を表しなさい。

図1

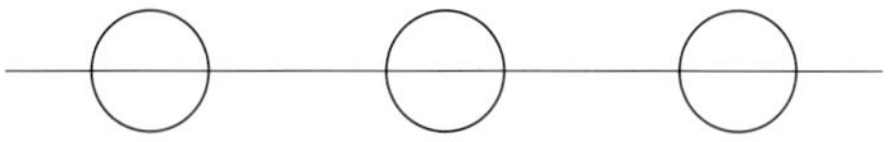

（　　　）（　　　）（　　　）

□ ❷ ❶と同様に，月食のときの月と太陽と地球の位置関係を，図2に表しなさい。

図2

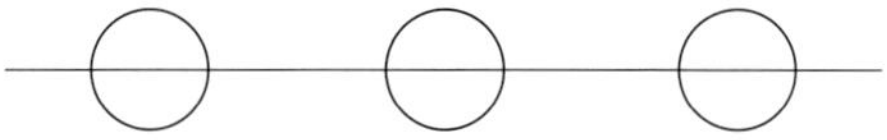

（　　　）（　　　）（　　　）

[ヒント] ❹❶日食は，太陽が隠される場合に見られる天体現象である。

[解答▶p.16]

【 金星 】

5 図は，太陽・金星・地球の位置関係を表した
　ものである。これについて，次の問いに答え
　なさい。

□ **1** 明け方に見えるのは，金星が㋐～㋔のどの位
　　置にあるときか。あてはまるものを選びなさい。
　　　　　　　　　　　　　　　　（　　　　）

□ **2** 明け方に見えるとき，金星の方角は，東，西，南，
　　北のどれか。　　　（　　　　）

□ **3** 夕方に見えるとき，金星の方角は，東，西，南，北のどれか。
　　　　　　　　　　　　　　　　（　　　　）

□ **4** 明け方に**2**の方角に見える金星を何というか。　　（　　　　）

□ **5** 夕方に**3**の方角に見える金星を何というか。　（　　　　）

□ **6** ㋐のときと，㋓のときの形を比べると，欠け方が大きいのはどちらか。
　　　　　　　　　　　　　　　　（　　　　）

□ **7** ㋐のときと，㋓のときの大きさを比べると，直径が大きく見えるのはど
　　ちらか。　　（　　　　）

□ **8** 金星が，Aの位置にきたとき，地球から金星を見ることができるか。
　　　　　　　　　　　　（　　　　）

□ **9** 金星は真夜中に見ることができない。その理由を，簡単に書きなさい。
　　（　　　　　　　　　　　　　　　　　　）

□ **10** 太陽のように，自ら光を出している天体を何というか。　（　　　　）

□ **11** 地球や金星のように，自ら光を出している天体のまわりを公転し，光を
　　反射して光っている天体を何というか。　　（　　　　）

> 金星も地球も太陽のまわりを
> 公転しているけれど，周期が
> ちがうために，太陽・金星・
> 地球の位置関係が変わり，金
> 星の見え方が変化するのだよ。

・・・

ヒント **5 8** Aの位置は，太陽と同じ方向にある。

Step 1　**基本チェック**　**3章 宇宙の中の地球**　🕐 10分

■ 赤シートを使って答えよう!

❶ 太陽のすがた　▶ 教 p.256-259

☐ 太陽の表面に見える黒いしみのようなものを［ 黒点 ］（こくてん）といい，まわりより温度が［ 低い ］。

☐ 黒点の動きや形の変化から太陽が［ 球 ］形で［ 自転 ］していることがわかる。

☐ 太陽の表面にのびる高温ガスを［ プロミネンス（紅炎） ］（こうえん），太陽の外側に広がる高温ガスを［ コロナ ］という。

❷ 太陽系のすがた　▶ 教 p.260-265

☐ 太陽と，太陽を中心として運動している天体の集まりを［ 太陽系 ］（たいようけい）という。

☐ 水星，金星，地球，火星は［ 地球型 ］惑星（わくせい）とよばれ，小型で表面が岩石でできていて，密度が大きいという特徴（とくちょう）がある。

☐ 木星，土星，天王星，海王星は［ 木星型 ］惑星とよばれ，大型で主に気体からなり，密度が小さいという特徴がある。

☐ 惑星のまわりを公転している天体を［ 衛星 ］（えいせい）といい，火星と木星の間には，小さな岩石でできた［ 小惑星 ］（しょうわくせい）という天体がある。

☐ 氷や細かなちりでできたほうき星ともよばれるものを［ すい星 ］（せい）といい，主にそれから放出されたちりが地球の大気とぶつかって光る現象を［ 流星 ］（りゅうせい）という。

❸ 生命の星 地球, ❹ 銀河系と宇宙の広がり　▶ 教 p.266-275

☐ 地球から見た恒星の明るさは［ 等級 ］（とうきゅう）で表され，数値が小さいほど［ 明るい ］。

☐ 恒星の集団を［ 星団 ］（せいだん），ガスのかたまりをともなう天体を［ 星雲 ］（せいうん）という。

☐ 太陽系や星座をつくる星々が属する，千億個以上の恒星からなる集団を，［ 銀河系 ］（ぎんがけい）という。

☐ 恒星が数億個から1兆個以上も集まった大集団を，［ 銀河 ］（ぎんが）という。

 テストに出る　太陽の黒点の観察はよく出る。観察の注意点や結果の考察を整理しておこう!

Step 2 予想問題 3章 宇宙の中の地球

30分（1ページ10分）

【太陽の観察】

❶ 図1は，太陽を観察するために用いる天体望遠鏡である。図2は，観察した太陽をスケッチしたものである。次の問いに答えなさい。

図1

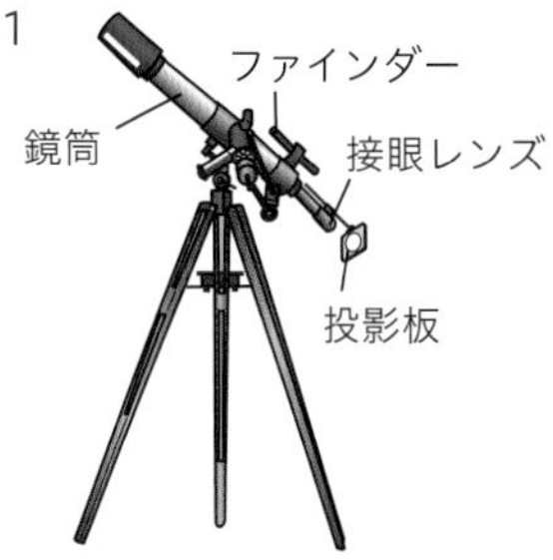

ファインダー
鏡筒
接眼レンズ
投影板

□ ❶ 天体望遠鏡の鏡筒（きょうとう）を太陽に向けるとき，太陽の像がどのようになるように調整すればよいか。

（　　　　　　　　　　）

□ ❷ 太陽を観察するときに，絶対にしてはいけないことは何か。

（　　　　　　　　　　）

□ ❸ 図2に見られる黒いしみのようなものは何か。

（　　　　　　　　　　）

□ ❹ ❸はなぜ黒く見えるのか。

（　　　　　　　　　　）

□ ❺ ❸は，日がたつにつれて位置を変え，太陽の端（はし）の方にくると形がちがってくることから，どんなことがわかるか。

（　　　　　　　　　　）

図2

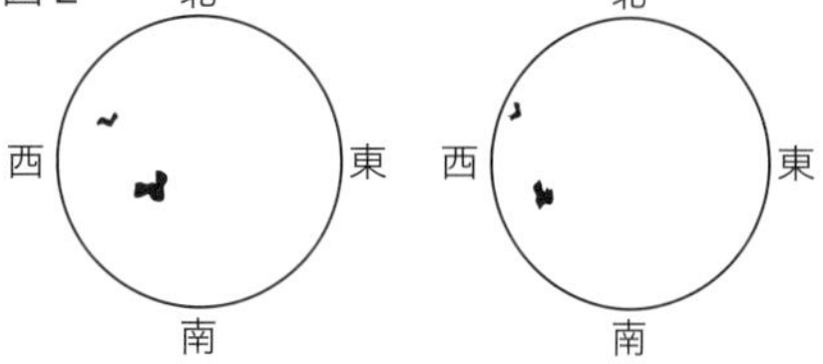

北
西
東
南
2月1日 午後2時
北
西
東
南
2月4日 午後2時

【太陽】

❷ 図は，太陽の表面のようすを表したものである。次の問いに答えなさい。

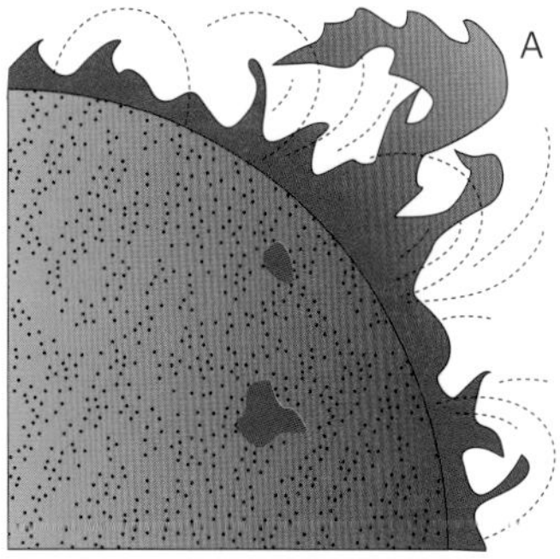

A

□ ❶ 太陽は，固体・液体・気体のいずれでできているか。

（　　　　　　）

□ ❷ 図のAのような，太陽表面にのびる高温ガスの部分を何というか。（　　　　　　　　）

□ ❸ 太陽の外側に広がる高温の気体を何というか。

（　　　　　　　　）

□ ❹ 太陽の表面の温度と，中心部の温度を，次の㋐～㋓から選びなさい。

表面（　　　　）　中心部（　　　　）

㋐ 4000 ℃　㋑ 6000 ℃　㋒ 100 万℃　㋓ 1600 万℃

[ヒント] ❶❶❷観察するときは，投影板（とうえいばん）に映った太陽の像をスケッチする。

【太陽系】

❸ 太陽系の惑星の公転のしかたについて，次の問いに答えなさい。

□ ❶ 太陽系の惑星の公転の中心は，何という恒星か。（　　　）

□ ❷ 太陽系の惑星の公転軌道について正しく説明しているものを，㋐～㋒から選びなさい。（　　　）

㋐ 惑星は，ほとんど同じ平面の軌道を公転している。

㋑ 惑星は，それぞれちがう平面の軌道を公転している。

㋒ 天王星だけは公転面が，他の惑星の公転面と垂直に交わっている。

□ ❸ 太陽系の惑星の公転する向きは，同じか，それぞれちがうか。
（　　　）

□ ❹ 惑星が❶のまわりを１周する期間のことを何というか。
（　　　）

□ ❺ ❹は，公転の中心の恒星から遠い惑星ほど長いか，短いか。または同じか。（　　　）

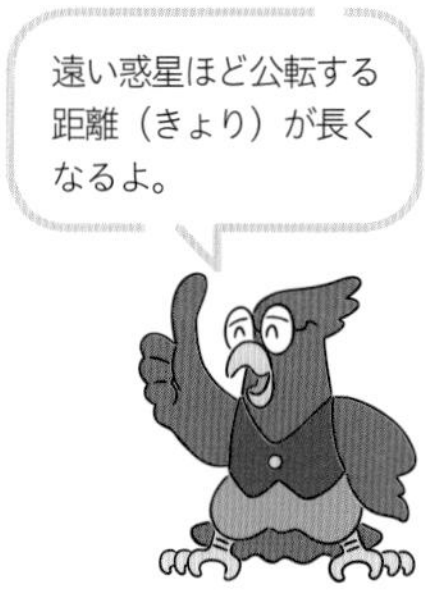
遠い惑星ほど公転する
距離（きょり）が長く
なるよ。

【太陽系】

❹ 図は，太陽系の主な天体である。次の問いに答えなさい。

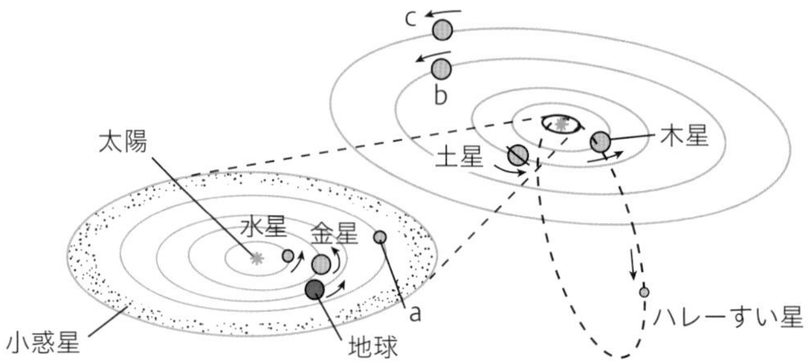
c
b
太陽
土星
木星
水星
金星
a
ハレーすい星
小惑星
地球

□ ❶ a～c の天体のそれぞれの名称を書きなさい。

a（　　　）　b（　　　）　c（　　　）

□ ❷ 地球の衛星は何か。（　　　）

□ ❸ 太陽系最大の惑星は何か。（　　　）

□ ❹ 公転周期が最も短い惑星は何か。（　　　）

□ ❺ 明けの明星，よいの明星とよばれている惑星は何か。（　　　）

[ヒント] ❹❹太陽に最も近い惑星である。

[解答▶p.17]

【 星座をつくる星 】

❺ 表は，主な恒星の性質をまとめたものである。次の問いに答えなさい。

恒星	星座	㋐	距離〔光年〕	光の量★
ベガ	こと座	0.0	25	50
ベテルギウス	オリオン座	0.5	500	13000
リゲル	オリオン座	0.1	860	55000
シリウス	おおいぬ座	−1.5	8.6	24
北極星	こぐま座	2.0	430	2400

★：太陽を1とする

☐ ❶ ㋐にあてはまる，天体（恒星）の明るさを表す尺度を何というか。

（　　　　　　　）

☐ ❷ 同じ星座をつくっている星は，地球からの距離(きょり)がどれも同じか，星によってちがうか。　　　（　　　　　　　　　）

☐ ❸ 表で，最も明るく見える星はどれか。　　　（　　　　　　　）

☐ ❹ 地球から見た恒星の明るさは，恒星そのものの明るさと，地球からの何によって決まるか。　　　（　　　　　）

【 銀河系・銀河 】

❻ 次の問いに答えなさい。

☐ ❶ 星座をつくる星と金星を天体望遠鏡で観察したとき，大きく見えるのはどちらか。　　　（　　　　　）

☐ ❷ 恒星が集まった集団を何というか。　　　（　　　　　　）

☐ ❸ 宇宙に見られる，ガスのかたまりを何というか。　　　（　　　　　）

☐ ❹ 太陽系を含む，恒星がたくさん集まってつくっている集団を何というか。

（　　　　　　　　　）

☐ ❺ ❹のさらに外には，恒星の集団が数多く存在する。これを何というか。

（　　　　　　　）

☐ ❻ ❹を地球から見ると，光の帯のように見える。この光の帯を何というか。

（　　　　　　　）

光の帯は，夜空を見上げると見えるよ。

━━━━━━━━━━━━━━━━━━━━━━━━━━━━━━━━━━━━━━

🔦 ヒント ❻❶星座をつくる星は恒星で，地球からの距離が非常に大きい。

Step 3　予想テスト：地球と宇宙

⏱ 30分　　/100点　目標 70点

❶ 図は，いろいろな方角の空の星の動きを示したものである。次の問いに答えなさい。

A
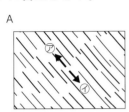

B

C
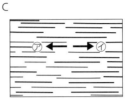

D
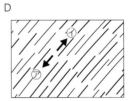

□ **①** 図A〜Dは，どの方角の空の星のようすを表したものか。正しい組み合わせを，㋐〜㋓から選びなさい。

　㋐　A…東　B…北　C…南　D…西
　㋑　A…西　B…北　C…南　D…東
　㋒　A…東　B…南　C…北　D…西
　㋓　A…西　B…南　C…北　D…東

□ **②** 図A〜Dで，それぞれの星の動く向きは，㋐，㋑のどちらか。

□ **③** 図Bの30°は，およそ何時間の星の動きを示しているか。

点UP

❷ 図1は，日本のある地点での春分，夏至，秋分，冬至の日の太陽の動きを透明半球上に記録したものである。図2は，地球が太陽のまわりを公転しているようすと四季を代表する星座の位置関係を模式的に表したものである。次の問いに答えなさい。

図1
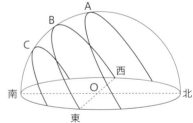

図2
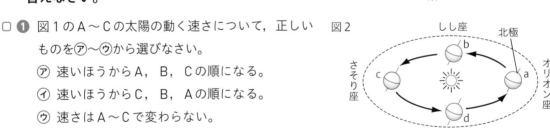

□ **①** 図1のA〜Cの太陽の動く速さについて，正しいものを㋐〜㋒から選びなさい。

　㋐　速いほうからA，B，Cの順になる。
　㋑　速いほうからC，B，Aの順になる。
　㋒　速さはA〜Cで変わらない。

□ **②** 地球が図2のcの位置にあるとき，日本での太陽の1日の動きは図1のA〜Cのどれになるか。

□ **③** オリオン座を見ることができない地球の位置は，図2のa〜dのどれか。

□ **④** 真夜中に，東の空にしし座が見える地球の位置は，図2のa〜dのどれか。

❸ 図１は太陽，月，地球の位置関係を，図２は太陽，金星，地球の位置関係を示したものである。次の問いに答えなさい。

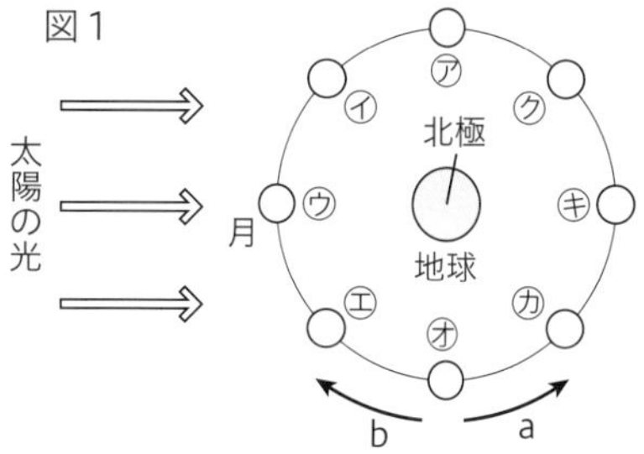

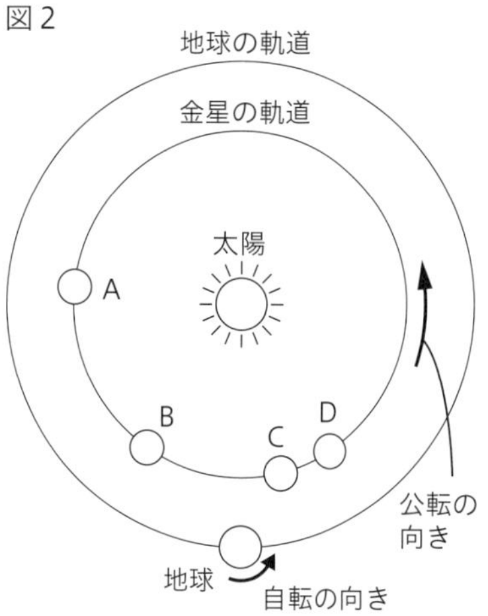

- □ ❶ 月の公転の向きは，図１のａ，ｂのどちらか。
- □ ❷ 上弦の月が見えるのは，月が図１の㋐～㋗のどの位置にあるときか。
- □ ❸ 金星が夕方に見えるのは，図２のＡ～Ｄのどの位置にあるときか。すべて選びなさい。
- □ ❹ 金星が最も小さく見えるのは，図２のＡ～Ｄのどの位置にあるときか。
- □ ❺ 図２のＤの位置の金星はどのような形に見えるか。右の㋐～㋒から選びなさい。

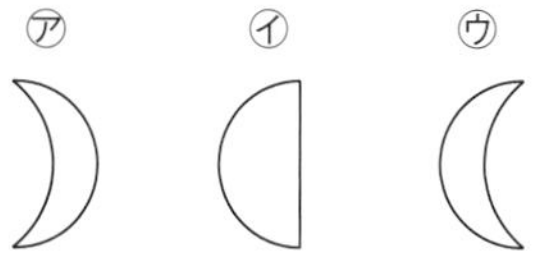

- 点UP □ ❻ 金星を長い間観察しても，真夜中に見えることはない。その理由を㋐～㋒から選びなさい。[思]
  - ㋐ 金星の大きさが小さいから。
  - ㋑ 月の明るさのほうが明るいから。
  - ㋒ 地球より内側を公転しているから。

❹ 右の図は，宇宙の広がりについて示したものである。次の問いに答えなさい。

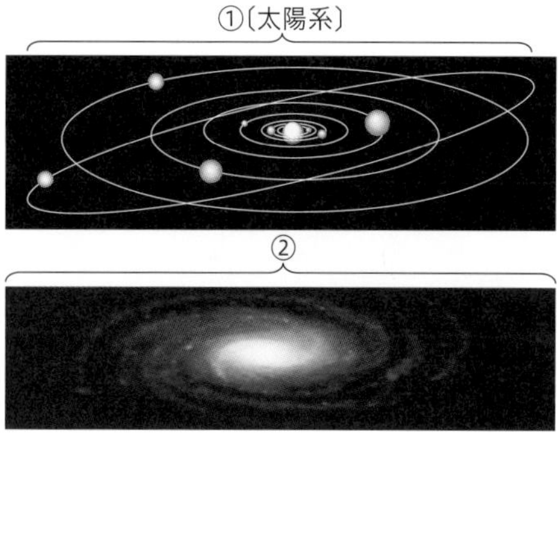

- □ ❶ 太陽系が含まれている②の集団は何か。
- □ ❷ ①の太陽のように，自ら光を出している天体を何というか。
- □ ❸ ❷のまわりを回る天体を何というか。
- □ ❹ 太陽系の❸のうち，金星や火星のように，主に岩石でできているため密度が大きいものを何というか。

単元5

❶ 各5点	❶	❷ A	B	C	D	
	❸					
❷ 各5点	❶	❷	❸	❹		
❸ 各5点	❶	❷	❸	❹	❺	❻
❹ 各5点	❶	❷	❸	❹		

❶ ／30点 ❷ ／20点 ❸ ／30点 ❹ ／20点

［解答▶p.18］

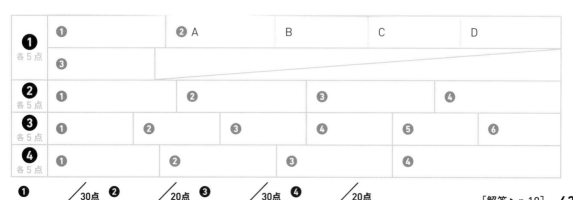

Step 1 基本チェック ● 1章 自然環境と人間

10分

■赤シートを使って答えよう！

❶ 自然環境の変化　▶教 p.288-293

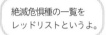
絶滅危惧種の一覧を
レッドリストというよ。

☐ 人間の活動は，自然環境や生態系に大きな影響を与え，一部の生物は［ 絶滅 ］した。絶滅危惧種の一覧が作成され，生物の保護が行われている。

☐ 近年，地球の気温が上昇していることを［ 地球温暖化 ］という。

☐ 人間によって，元々いなかった地域に生物が持ちこまれ，やがて定着した生物を［ 外来種（外来生物） ］という。

☐ 川の水の汚れの程度を調べる手掛かりになる生物を［ 指標生物 ］という。

❷ 自然環境の保全　▶教 p.294-295

☐ 特定の地域でのみ生息している生物種を［ 固有種 ］といい，それらが多く生息している小笠原諸島や屋久島などの地域を世界自然遺産として保護している。身近にある雑木林や田畑，ため池などの地域一帯を［ 里山 ］といい，こうした自然環境の保全も求められている。

☐ 動物の生息地を守るために，動物の通り道を確保したり，魚が川を遡上するための［ 魚道 ］を設置したりして，生態系を維持するとり組みがある。

❸ 地域の自然災害　▶教 p.296-301

☐ 日本では地域や季節などによって台風や豪雨，竜巻などが発生し，［ 気象災害 ］が引き起こされることがある。

☐ 日本列島では，4枚の［ プレート ］がひしめき合っている。海のプレートと陸のプレートの境界で地震が起こると，地面の揺れによる災害だけでなく，［ 津波 ］が起こることがある。大きな地震の発生直後，警戒を促すために［ 緊急地震速報 ］が発表されることがある。

☐ ［ 火山 ］の噴火が，溶岩や火山灰による被害をもたらすことがある。

テストに出る

災害に備えるために日ごろから何をしておくべきか問われる。それぞれの災害ごとに考えをまとめておこう！

Step
2 予想問題 ： **1章 自然環境と人間**

20分
（1ページ10分）

【 地域の自然災害 】

❶ 図は，ある台風による被害のようすである。次の問いに
答えなさい。

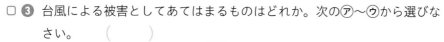

☐ ❶ 熱帯低気圧のうち，中心付近の最大風速が17.2m/s以上のも
のを何というか。　（　　　　　）

☐ ❷ 図のような，台風や梅雨の季節などに降る雨によって，河
川が雨水を排水しきれずに，街や田畑が水浸しになってし
まう被害を何というか。　（　　　　　）

☐ ❸ 台風による被害としてあてはまるものはどれか。次の㋐〜㋒から選びな
さい。　（　　　　）
　　㋐ 土地が雨水を多く含み，地盤がゆるみ，土砂災害を起こす。
　　㋑ 火山の噴火が起こり，地割れができることがある。
　　㋒ 何日もしとしとと雨が降り続け，やがて川が増水し氾濫する。

☐ ❹ 土砂崩れのように，激しい災害が発生した大雨のことを何というか。
　　　　　　　　　　　　　　（　　　　　　　）

☐ ❺ 台風による災害のように，気象現象が原因で起こる災害を何というか。
　　　　　　　　　　　　（　　　　　　　）

激しい災害が発生した
記録的な大雨には，気
象庁が❹の用語を使
って名称を定めること
があるよ。

単元6

【 自然災害から身を守る 】

❷ 自然災害から身を守るためのとり組みについて，次の問いに答えな
さい。

☐ ❶ 大きな地震の発生直後に発表されることがある情報を何というか。
　　　　　　　　　（　　　　　　　　　　　）

☐ ❷ ❶は，地震のゆれを伝えるP波とS波の速さのちがいを利用している。
P波とS波のうち，地震発生時にあとから届くのはどちらか。
　　　　　　　　　　　　（　　　　　　　）

☐ ❸ 自然災害から身を守るために，日ごろから何をしておくべきか。具体的
な例を1つあげなさい。
　　（　　　　　　　　　　　　　　　　　　　）

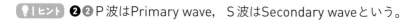

ヒント ❷❷P波はPrimary wave，S波はSecondary waveという。

【 人間の活動と自然環境 】

❸ 人間の活動と自然環境について，次の問いに答えなさい。

☐ ❶ 人間によって，ある地域に元々いなかった生物が持ちこまれ，やがて定
着した生物を何というか。　　（　　　　　　　　　　　　　）

☐ ❷ ある生物の種が，地球上からいなくなることを何というか。
（　　　　　　　　　）

☐ ❸ 近年の，地球の気温が上昇していることを何というか。
（　　　　　　　　）

☐ ❹ ❸の原因の一つと考えられていることは何か。次の㋐〜㋒から選びなさ
い。　　（　　　　）
　　㋐ 火山の噴火による火山灰の噴出
　　㋑ 地球の自転
　　㋒ 産業革命以降盛んになった人間の活動

過去の自然の気候変化と比べると，急激に変化してしまったよ。

【 身近な自然環境の調査 】

❹ 身近な自然環境の調査について，次の問いに答えなさい。

☐ ❶ ある地域の川で水生生物を調べていたら，川の水の汚れの程度を調べる
手掛かりになる生物を見つけた。この生物のことを何というか。
（　　　　　　　　　）

☐ ❷ ❶のうち，サワガニはどんな水質のところにすんでいるか。次の㋐〜㋓
から選びなさい。　　（　　　　）
　　㋐ きれいな水
　　㋑ ややきれいな水
　　㋒ きたない水
　　㋓ 大変きたない水

☐ ❸ ❶のうち，アメリカザリガニはどんな水質のところにすんでいるか。❷
の㋐〜㋓から選びなさい。　　（　　　　）

☐ ❹ マツの葉のある部分の汚れを調べると，空気の汚れ具合が分かる。マツ
の葉のある部分とはどこか。　　（　　　　　　　　）

・・・

🔑ヒント　❹❹植物の葉の裏側に多い，空気の出入り口にあたる部分のことである。

Step 1　基本チェック　　**2章 科学技術と人間**　　10分

■ 赤シートを使って答えよう！

❶ エネルギーの利用，❷ エネルギー利用の課題　▶教 p.302-308

□ 電気エネルギーを得るために，以下のような様々な発電方法がある。

　［ 火力 ］発電…石油，天然ガスなどを燃やして発電機を回す。

　［ 水力 ］発電…ダムにためた水の位置エネルギーによって発電する。

　［ 原子力 ］発電…ウラン原子の核分裂による核エネルギーによって発電する。

□ 地下の熱水を利用する［ 地熱 ］発電，太陽の光を利用する太陽光発電，
　風の力を利用する風力発電，有機資源を利用する［ バイオマス ］発電な
　どがある。

□ 石油，石炭，天然ガスなどの大昔の生物の死がいが変化したものを
　［ 化石燃料 ］といい，太陽，地熱，風力などのように，いつまでも利用
　できるエネルギーを［ 再生可能 ］エネルギーという。

□ 原子炉には，核分裂でできた有害な放射性物質がたまり，［ 放射線 ］を出
　し続けているので，安全に管理するが必要である。

❸ 放射線の性質　▶教 p.309-311

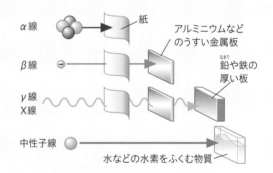

□ 放射線の性質
　① 目に見えない。
　② 物体を通り抜ける性質（［ 透過性 ］）
　③ 原子をイオンにする性質（［ 電離 ］作用）
□ 放射線を受けることを［ 被ばく ］という。

□ **放射線の種類と透過性**

❹ いろいろな物質の利用，❺ くらしを支える科学技術　▶教 p.312-323

□ 石油などから人工的につくられる物質を［ プラスチック ］という。

□ くらしに必要なエネルギーやものを，将来の世代まで安定して手に入れら
　れる社会を［ 持続可能な社会 ］という。

 テストに出る　発電の名前や，エネルギー変換についてはよく出るので，しっかり覚えよう！

単元6

Step 2　予想問題　2章 科学技術と人間

20分
（1ページ10分）

【 電気エネルギー 】

❶ 次の❶〜❼について，火力発電に関係があるものにはＡ，原子力発電
□　に関係があるものにはＢ，水力発電に関係があるものにはＣを，そ
　れぞれすべて書きなさい。

❶ ウラン原子の核分裂　　　　　　　　　（　　　　　　　　　）

❷ ダム　　　　　　　　　　　　　　　　（　　　　　　　　　）

❸ 化石燃料　　　　　　　　　　　　　　（　　　　　　　　　）

❹ 太陽のエネルギー　　　　　　　　　　（　　　　　　　　　）

❺ 放射性廃棄物　　　　　　　　　　　　（　　　　　　　　　）

❻ 二酸化炭素や二酸化硫黄　　　　　　　（　　　　　　　　　）

❼ 高温の水蒸気　　　　　　　　　　　　（　　　　　　　　　）

【 さまざまなエネルギー 】

❷ ㋐〜㋗は，わたしたちが発電に利用している燃料などである。これ
　について，次の問いに答えなさい。

　㋐ 水力　　㋑ 原子力　　㋒ 地熱　　㋓ 石炭
　㋔ 太陽　　㋕ 風力　　㋖ 石油　　㋗ バイオマス

□ ❶ 化石燃料とよばれているものを㋐〜㋗からすべて選びなさい。
　　　　　　　　　　　　　（　　　　　　　　　）

□ ❷ 廃材や動物の排泄物などの資源を㋐〜㋗から選びなさい。
　　　　　　　　　　　　　　　　（　　　　　）

□ ❸ 再生可能エネルギーに分類されるものを，㋐〜㋗からすべて選びなさい。
　　　　　　　　　　　　　（　　　　　　　　　）

□ ❹ ㋑について，使用済みの燃料から長年出し続けられる，高いエネルギー
　　をもった粒子や電磁波の流れを何というか。　（　　　　　）

□ ❺ くらしに必要なエネルギーやものを，将来の世代まで安定して手に入れ
　　られる社会を何というか。　　（　　　　　　　）

現在多く使われている
エネルギー源は，大部
分が有限だよ。

. . . .

❗️ヒント ❶化石燃料は太古の生物の死がいが変化したものである。化石燃料は，もともと太陽の
　　　　エネルギーによってつくられたものでもある。

【 いろいろな物質の利用 】

❸ 現代では科学技術の急速な進歩によって，天然の素材にない，すぐ
れた性質をもつ人工的な材料がつくり出されている。これについて，
次の問いに答えなさい。

□ ❶ 石油などから人工的につくられ，ペットボトルやレジ袋などの製品とし
て利用される物質を何というか。　（　　　　　　　　　）

□ ❷ 大量の水を吸収することができる機能性高分子を何というか。
（　　　　　　　　　）

□ ❸ 炭素からできた繊維で，強くて軽く，引っ張り強度も大きいものを何と
いうか。　（　　　　　　　　）

□ ❹ 一度変形させても，熱を加えるともとの形に戻る特別な合金は何か。
（　　　　　　　　　　）

【 放射線 】

❹ 放射線について，次の問いに答えなさい。

□ ❶ 放射線の性質について，正しいものを㋐～㋒から選びなさい。
（　　　）

　㋐ 目で見える。
　㋑ 物体を通り抜ける。
　㋒ イオンを原子にする性質がある。

□ ❷ 放射線を受けることを何というか。　（　　　　　）

□ ❸ 放射線を出す原子の数が半分になるまでの期間を何というか。
（　　　　　）

□ ❹ 放射線の単位のうち，放射線が人体に与える影響を表すときに使われる
ものは何か。カタカナで答えなさい。　（　　　　　）

□ ❺ 放射線の単位のうち，放射性物質が放射線を出す能力（放射能）の大き
さを表すときに使われるものは何か。カタカナで答えなさい。
（　　　　　　　　）

レントゲン撮影（さつ
えい）に使われている
X（エックス）線は，
放射線の一種だよ。

单元
6

⌨ヒント ❸❶この物質には，ポリエチレン，ポリプロピレン，ポリスチレンなど，さまざまな種
類がある。

Step 3 予想テスト　**地球の明るい未来のために**

30分　/100点　目標 70点

❶ 自然環境について，次の問いに答えなさい。

□ ❶ 豊かな自然が残されている里山が，近年減少の一途をたどっている原因として，あてはまらないものを，㋐〜㋒から選びなさい。

　㋐ エネルギーの形態が変わり，燃料が手に入りやすくなったから。

　㋑ 都市開発が進み，住宅地や工場団地に利用されたから。

　㋒ 里山で人に被害をおよぼす有害生物がふえたから。

□ ❷ 日本海溝付近のプレートの動きについての説明で，正しいものを㋐〜㋒から選びなさい。

　㋐ 2つのプレートが衝突して押し合い，海底が盛り上がっている。

　㋑ 一方のプレートがもう一方のプレートの下に沈みこみ，深い溝ができている。

　㋒ 新しくプレートかつくられ，海底が広がっている。

❷ 科学技術について，次の問いに答えなさい。

□ ❶ ある温度で一定の形を記憶させることができる合金は何か。

□ ❷ 少量でも多量の水を吸収できる吸水性高分子のように，特別な機能をもつ高分子を何というか。

□ ❸ 吸水性高分子は，水を吸うとどのように変化するか。㋐〜㋘から選びなさい。

　㋐ 液体状になる。　　㋑ 10時間程度ものをあたためることができる。

　㋒ ゼリーのような固まりになる。　　㋘ 電流を発生させる。

□ ❹ 生分解性高分子のすぐれた点はどれか。㋐〜㋒から選びなさい。

　㋐ 土や水中の小動物が消化できる。

　㋑ 水につけておくと，簡単に分解する。

　㋒ 土や水中の微生物のはたらきによって分解される。

□ ❺ 20世紀になって開発され，微生物の増殖をおさえるようなはたらきをする医薬品を何というか。

□ ❻ 蒸気機関の改良をして，大きな動力を得ることができるようになったきっかけをつくった人物はだれか。

□ ❼ ガソリンエンジンと，電気モーターを動力とした自動車を何というか。

□ ❽ コンピュータや携帯電話などの端末を使って，世界的なネットワークを利用できる技術を何というか。

❸ 次のA〜Cは，日本で主に行われている3種類の発電方式である。これについて，次の問いに答えなさい。㊬

　A：石油などの燃料を燃やして水を水蒸気に変え，タービンを回す。
　　　㋐エネルギー → ㋑エネルギー → 運動エネルギー → 電気エネルギー
　B：核燃料から得た熱で水を水蒸気に変え，タービンを回す。
　　　核エネルギー → ㋑エネルギー → 運動エネルギー → 電気エネルギー
　C：流れ落ちる水で，水車を回して発電する。
　　　㋒エネルギー → 運動エネルギー → 電気エネルギー

☐ **❶** A〜Cは，水力，火力，原子力のどの発電方式か，それぞれ書きなさい。

☐ **❷** 上の㋐〜㋒にあてはまる語句をそれぞれ書きなさい。

☐ **❸** 火力発電のエネルギー資源である石油，石炭などのような，大昔の生物の死がいがもととなってできた燃料を何というか。

☐ **❹** 近年，**❸**を大量に使用することによって，年々気温が上昇するという地球規模の環境問題が生じているといわれる。この問題を何というか。

☐ **❺** 太陽のエネルギーと関係のない発電方式は，A〜Cのどれか。

❹ **環境にやさしいエネルギーの発電方式の説明として正しいものを，**
☐ **㋐〜㋓から選びなさい。** ㊬

　㋐ 太陽光発電は，光電池を使って電気エネルギーをつくるもので，発電量は光電池を設置する面積に関係なく一定である。

　㋑ 風力発電は，風車につながった発電機を風の力で回して電気エネルギーをつくるもので，発電量は風の強さに関係なく一定である。

　㋒ 燃料電池は，水素と酸素を化学変化させて電気エネルギーをつくるもので，電気エネルギーとともに発生する物質がないクリーンなエネルギー源である。

　㋓ コージェネレーションシステムは，工場やビルなどで自家発電により電気エネルギーをつくるときに，発生する廃熱を有効に利用する設備である。

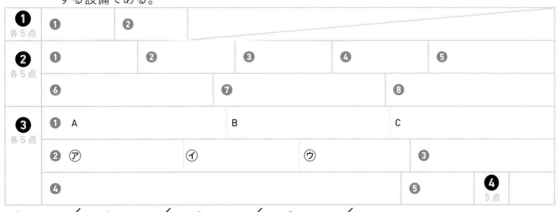

❶ 各5点	❶		❷			
❷ 各5点	❶		❷	❸	❹	❺
	❻			❼		❽
❸ 各5点	❶ A			B		C
	❷ ㋐		㋑		㋒	❸
	❹				❺	❹ 5点

❶ ／10点　❷ ／40点　❸ ／45点　❹ ／5点

テスト前 ☑ やることチェック表

① まずはテストの目標をたてよう。頑張ったら達成できそうなちょっと上のレベルを目指そう。
② 次にやることを書こう（「ズバリ英語〇ページ，数学〇ページ」など）。
③ やり終えたら□に✔を入れよう。
　最初に完ぺきな計画をたてる必要はなく，まずは数日分の計画をつくって，
　その後追加・修正していっても良いね。

目標

	日付	やること1	やること2
2週間前	／	☐	☐
	／	☐	☐
	／	☐	☐
	／	☐	☐
	／	☐	☐
	／	☐	☐
	／	☐	☐
1週間前	／	☐	☐
	／	☐	☐
	／	☐	☐
	／	☐	☐
	／	☐	☐
	／	☐	☐
	／	☐	☐
テスト期間	／	☐	☐
	／	☐	☐
	／	☐	☐
	／	☐	☐
	／	☐	☐

QRコードのページに登録すると，「ぴたリンク」からも表をダウンロードできるよ

テスト前 ☑ やることチェック表

① まずはテストの目標をたてよう。頑張ったら達成できそうなちょっと上のレベルを目指そう。
② 次にやることを書こう（「ズバリ英語〇ページ，数学〇ページ」など）。
③ やり終えたら□に✔を入れよう。
　　最初に完ぺきな計画をたてる必要はなく，まずは数日分の計画をつくって，
　　その後追加・修正していっても良いね。

目標

	日付	やること1	やること2
2週間前	／	☐	☐
	／	☐	☐
	／	☐	☐
	／	☐	☐
	／	☐	☐
	／	☐	☐
	／	☐	☐
1週間前	／	☐	☐
	／	☐	☐
	／	☐	☐
	／	☐	☐
	／	☐	☐
	／	☐	☐
	／	☐	☐
テスト期間	／	☐	☐
	／	☐	☐
	／	☐	☐
	／	☐	☐
	／	☐	☐

大日本図書版 理科 3 年 | 定期テスト ズバリよくでる | 解答集

運動とエネルギー

p.3-4 Step ❷

❶ ❶ 下図（2つの矢印の長さを等しくする。）

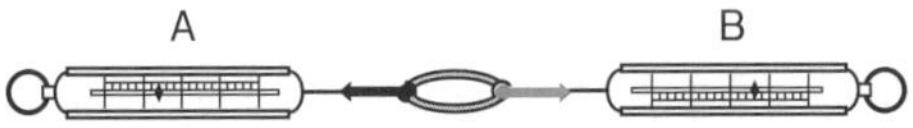

❷ ①**等しい。**

②右図

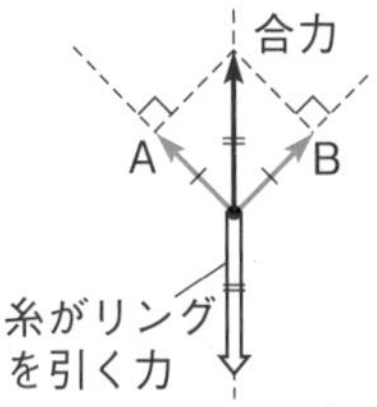

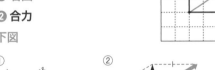

❷ ❶ 右図

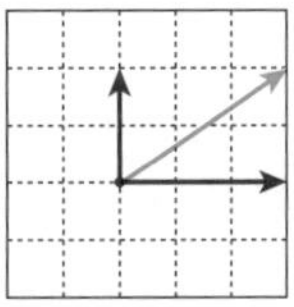

❷ **合力**

❸ 下図

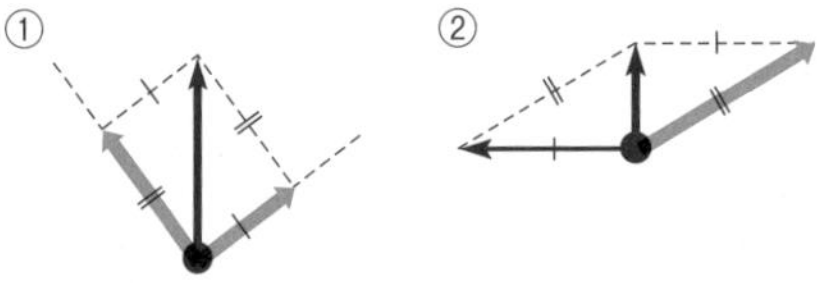

❹ ❶ 右図

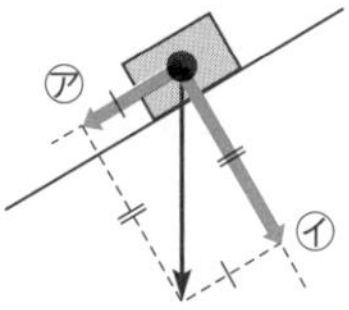

❷ **2.5 N**

❸ **垂直抗力**

❹ **斜面**

❺ **つり合っている。**

考え方

❶ ❶ リングが動かないということは，ばねばかりAとばねばかりBがリングを引いている力が等しいということである。ばねばかりBがリングを引く力をかく。

❷ ① ばねばかりAとBを入れかえても同じ図の形になるから，ばねばかりAとBがリングを引く力の大きさは等しいと考えられる。

② ばねばかりAとBがリングを引く力の合力（ごうりょく）と，糸がリングを引く力とはつり合いの関係にあることを利用して作図する。

❷ ❶ 示された2力を2辺とする平行四辺形の対角線をつくる。なお，今回は上下・左右方向の2辺がなす角は直角となり，長方形となる。

❸ ❷ 太い矢印を対角線，細い矢印を一つの辺として，平行四辺形をつくる。

❹ ❶ 重力を対角線，㋐と㋑の方向の2力を2辺とする平行四辺形（この場合は長方形）を作図する。

❷ 100 gの物体にはたらく重力の大きさが1 Nだから，この物体にはたらく重力の大きさは5 Nとなる。問題の図から，重力と㋐の力とは大きさが2：1だから，5÷2＝2.5 N

❸ ❹ 物体は，㋑の方向の分力によって斜面（しゃめん）の垂直（すいちょく）方向下向きの力がはたらくが動かない。このとき物体は，斜面から斜面の垂直方向上向きに力（垂直抗力（こうりょく））を受けている。

p.6-7 Step ❷

❶ ㋐

❷ ❶ ㋐

❷ **変わらない。**

❸ ㋒

❹ ① **体積** ② **変わらない**

❸ ❶ ㋓

❷ ㋐

❸ e

❹ f

❺ ㋑

❹ ❶ 右図

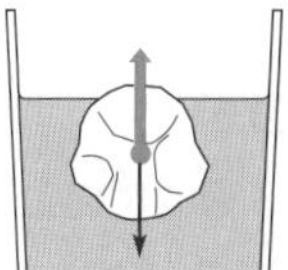

❷ **0.18 N**

考え方

❶ 浮力とは，水中で物体にはたらく，上向きの力である。水中で体が軽く感じるのは，そのためである。㋑は光の屈折，㋒は摩擦の力。

❷ ❶❸❹ 水中では浮力がはたらくため，ばねばかりの目もりは鉄の棒を水に沈めていくと小さくなっていく。浮力は，水中の物体の体積が大きいほど大きい。

❷ 物体が水中にすべて入ったとき，浮力の大きさは，水の深さとは関係がない。

❸ ❶ ゴム膜はへこむ。このとき，深さが深いほど水圧は大きくなるので，下のゴム膜の方が大きくへこんでいる。

❷ 水圧は同じなので，へこみ方は同じである。

❸ ゴム膜 b と同じ深さのものを選ぶ。

❹ もっとも深いところにあるものを選ぶ。

❺ 水圧は深いほど大きくなるので，下の穴から出る水が，もっとも勢いがよく，遠くまで飛ぶ。

❹ ❷ 氷にはたらく重力は，9.0×20＝18 g より，0.18 N。浮いている物体に加わる浮力は重力とつり合っているので，氷にはたらく浮力は0.18 N。

p.9-11 Step ❷

❶ ❶ **6 cm/s**

❷ **3600 m**

❸ **3.6 km/h**

❹ **30 km/h**

❷ ❶ **0.02 秒 ($\frac{1}{50}$ 秒)**

❷ **0.1 秒 ($\frac{1}{10}$ 秒)**

❸ **A さん62 cm/s　B さん95 cm/s**

❹ **3.42 km/h**

❺ ㋑

❸ ❶ ㋑

❷ **20°のとき**

❸ **A 20°　B 10°**

❹ ㋑

❹ ❶ **G**

❷ **慣性**

❸ **右図**

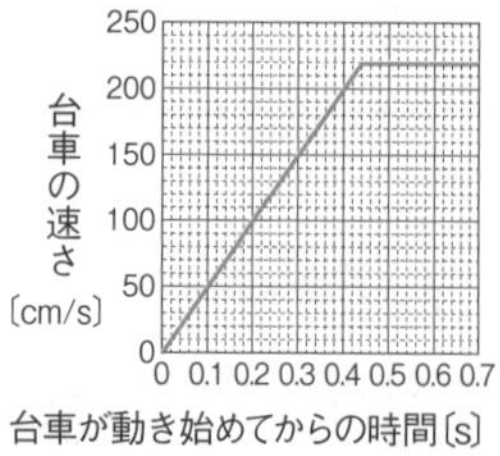

❺ ❶ **Y′**

❷ ① **同じ**

② **反対（逆）**

考え方

❶ ❶ 5 秒間に30 cm進んでいる。$\frac{30}{5}=6$ cm/s

❷ 1 時間＝3600 秒

❸ 3600 m＝3.6 km

❹ 速さ $\frac{100}{12}$ m/sを3600倍すると時速になる。$\frac{100}{12}\times3600=30000$ m/h＝30 km/h

〔別解〕12秒で100 m走る人は，3600秒（1 時間。12秒の300倍）で30000 m走る。

❷ ❶ 1 秒間に50打点だから，1 打点あたりの時間は，1 ÷ 50＝0.02 秒（$\frac{1}{50}$秒）

❷ 5 打点だから，0.02× 5 ＝0.1 秒

❸ A さん…6.2 ÷ 0.1＝62 cm/s,
B さん…9.5 ÷ 0.1＝95 cm/s

❹ 1 時間＝3600秒。この間に動く距離は，95×3600＝342000 cm＝3.42 km

❺ 打点の間隔が広いということは，一定時間に移動する距離が長いということ。つまり，速く運動している。

❸ ❶ 斜面上の台車には，斜面に平行な下向きの力がはたらく。この力は，同じ台車であれば，斜面の角度が変わらないかぎり，斜面のどこでも同じ大きさである。

❷❸ 斜面の角度が大きいほど，台車にはたらく斜面に平行な下向きの力は大きくなり，速さの増え方も大きくなる。5 打点ごとに切ったテープ 1 本の長さは，0.1秒間に台車が進んだ距離，つまり，速さを表している。

❹ 斜面の角度が大きくなれば，斜面に平行な力も大きくなり，❸より速さの増加も大きくなる。

❹ ① $\frac{1}{60}$秒ごとに打点するので，0.1 秒間に 6 打点する。

② おもりが床につくまでは台車に運動の向きに力がはたらいているが，床についてからは運動の向きに力がはたらいていない。力がはたらいていないとき，物体はその状態を続けようとする性質をもつ。

❺ A さんと B さんの間にはたらく力は，右図のようになる。矢印で表した力は，大きさが同じで逆向きである。

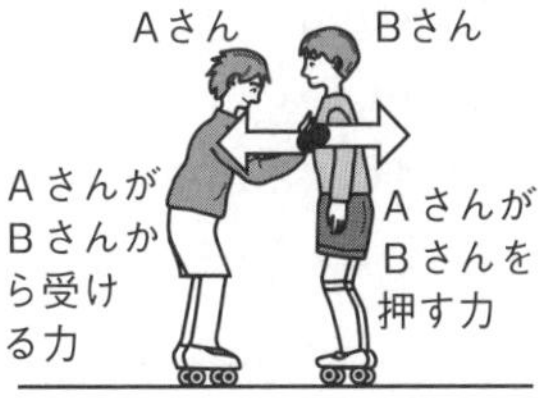
Aさん
Bさん
Aさんが
Bさんから受ける力
Aさんが
Bさんを押す力

p.13-15 Step ❷

❶ ① 50 J

② 5 N

③ 0 J

❷ ① 0 J

② 20000 J

❸ ① 実験 1 …125 J　実験 2 …125 J

② 実験 1 … 5 W　実験 2 …1.25 W

❹ ① ㋒

② 75 N

③ 300 J

④ 30 W

⑤ ㋒

❺ ① 位置エネルギー

② 150 g→100 g→50 g

❻ ① 質量の大きい物体

② 運動エネルギー

❼ ① 右図

② 力学的エネルギー

③ イ

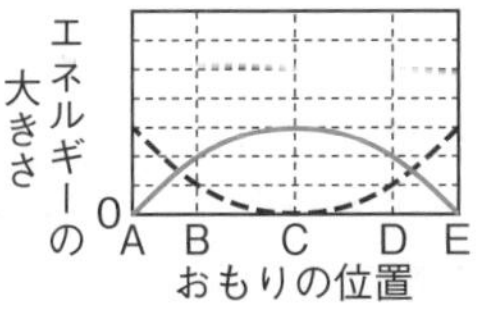
エネルギーの大きさ
0
A B C D E
おもりの位置

❽ ① 運動エネルギーが電気エネルギーに変わる。

② 光エネルギー，熱エネルギー（順不同）

③ 10回より少ない。

[考え方]

❶ ①（仕事(しごと)）＝（力の大きさ）×（力の向きに動かした距離(きょり)）で求めることができる。
5 Nの力で10 m動かしたから，
5 N×10 m＝50 J

② 一定の速さで動くことから，摩擦力(まさつりょく)と加える力は同じ大きさであると考える。

③ 力がはたらいても，動かなければ仕事は 0 Jとなる。

❷ ① 加えた力は200 kg＝2000 Nだが，バーベルは動いていないので，2000 N× 0 m＝ 0 Jとなる。

② 2000 N×10 m＝20000 J

❸ ① 物体にかかる重力を斜面(しゃめん)に平行な分力(ぶんりょく)と斜面に垂直な分力に分解(ぶんかい)すると，斜面に平行な分力は，50÷ 2 ＝25 N。よって，斜面での仕事は，25 N× 5 m＝125 Jとなる。また，直接持ち上げるときの仕事は，50 N×2.5 m＝125 Jとなる。

②（仕事率(しごとりつ)）＝（仕事）÷（仕事に要した時間）で求めることができる。よって，
実験 1 …125 N÷25 s＝ 5 W
実験 2 …125 N÷100 s＝1.25 W

❹ ① 動滑車(どうかっしゃ)を 1 個使って仕事をするとき，直接荷物を引き上げる場合の 2 倍の長さのひもを引く必要がある。定滑車は力を加える方向を変えるだけである。

② 動滑車を 1 個使って仕事をするとき，ひもは 2 倍の長さを引かなければならないが，加える力は$\frac{1}{2}$ですむ。15 kg＝15000 gの物体にはたらく重力の大きさは150 Nだから，150 N÷ 2 ＝75 N

③（仕事）＝（力の大きさ）×（力の向きに動かした距離）だから，75 N× 4 m＝300 J

④（仕事率）＝（仕事）÷（仕事に要した時間）だから，300 J÷10 s＝30 W

⑤ 15 kgの荷物を 2 m引き上げるという仕事に変わりはないので，図 1 のときの仕事と同じ大きさになる。

❺ 図２のグラフより，小球の質量が大きいほど，また，はじめの高さが高いほど，物体の移動距離が長く，小球の位置エネルギーは大きくなることがわかる。図２のグラフは，いずれも原点を通る直線になっているので，高さと動いた距離は比例している。よって，小球の高さが２倍になれば，小球のもっている位置エネルギーも２倍になる。また，質量が２倍になると動いた距離は２倍になっているので，小球の質量を２倍にすると小球のもっている位置エネルギーは２倍になる。

❻ 運動エネルギーは，物体が速く運動するほど大きい。また，速さが同じときは，質量の大きい物体ほど大きい。

❼ ❶❷ 位置エネルギーと運動エネルギーの和を力学的エネルギーといい，力学的エネルギーは保存される。おもりの位置エネルギーが減少した分だけ運動エネルギーが増加し，和はつねに，はじめにおもりがもっていた位置エネルギーに等しくなる。

❸ Pにあるおもりがもつエネルギーは，位置エネルギーだけで，運動エネルギーは０である。よって，力学的エネルギーの保存より，おもりは，Pと同じ高さまで振れる。

❽ ❶ ハンドルを回す（運動エネルギー）ことによって電気（電気エネルギー）が発生する。

❷ 豆電球が点灯したのは光エネルギーに変わったからであり，豆電球があたたかくなったのは熱エネルギーに変わったからである。

❸ 摩擦によって熱や音が発生するので，はじめに与えた運動エネルギーがすべて電気エネルギーに変わるわけではない。

p.16-17　Step 3

❶ ❶ 0.2 N
❷ 0.2 N
❸ ① ㋑
　② 深く沈めたとき。
　③ 水

❷ ❶ 0.1秒
❷ 28 cm/s
❸ ㋒
❹ 大きくなる。
❺ ㋒

❸ ❶ Aさん…㋐　Bさん…㋑
❷ 作用
❸ 反作用
❹ 等しい。

❹ ❶ 運動エネルギー
❷ ① G　② F　③ D　④ B

考え方

❶ ❶（空気中での重さ）－（水中での重さ）＝（浮力）なので，0.8 N－0.6 N＝0.2 N
❷ 浮力は，水の深さには関係がない。
❸ ① 浮力は，物体に対し上向きにはたらく力であるが，水圧はあらゆる方向からはたらく力である。
　② ③ 水圧は，その物体のまわりをとりまく水による圧力なので，深さが深いほど，大きくなる。

❷ ❶ １秒間に50打点するのだから，５打点するのに，５÷50＝0.1秒かかることになる。
❷（速さ）＝（移動した距離）÷（移動するのにかかった時間）だから，
2.8 cm÷0.1 s＝28 cm/s
❸ 斜面の角度が変わらないのだから，台車にはたらく，斜面に平行な力は変化しない。また，重力はいつも一定である。
❹ 斜面の角度を大きくすると台車にはたらく斜面に平行な力も大きくなる。重力は一定である。
❺ A〜E間は速さがしだいに大きくなっていて，E〜G間は速さが一定。

❸ ❶ AさんはBさんに，BさんはAさんに押されたかたちになる。
❷ ❸ ある物体（この場合はAさん）が他の物体（この場合はBさん）に加える力を作用といい，他の物体がある物体に加える力を反作用という。

❹ 作用と反作用の大きさは等しく，向きが反対で，同一直線上にある。

❹ ❶「加熱する」→熱(ねつ)エネルギー，「羽根車を回す」→運動エネルギー。つまり，熱エネルギーが運動エネルギーに変換(へんかん)されているのである。

❷ ①「太陽電池」→光(ひかり)エネルギー，「電気」→電気(でんき)エネルギーだから，光エネルギーが電気エネルギーに変換されている。

②「ラジオ」→電気エネルギー，「音楽」→音(おと)エネルギーだから，電気エネルギーが音エネルギーに変換されている。

③「ホットプレート」→電気エネルギー，「焼く」→熱エネルギーだから，電気エネルギーが熱エネルギーに変換されている。

④「扇風機」→電気エネルギー，「回る」→運動エネルギーだから，電気エネルギーが運動エネルギーに変換されている。

生命のつながり

p.19-20 Step 2

❶ ❶ ㋑

❷ ㋐

❸ **細胞分裂**

❹ **体細胞分裂**

❺ **複製**

❻ **染色体**

❼ **核**

❽ ㋐

❾ **細胞分裂によって細胞の数がふえ，分裂した細胞が大きくなる。**

❷ ❶ **無性生殖**

❷ **有性生殖**

❸ a**精細胞**　b**卵細胞**

❹ **受精**

❺ **胚**

❻ **栄養生殖**

❸ ❶ ①**卵巣**　②**精巣**　③**核**　④**受精**

❷ (A→)　E→B→C→D

❸ **胚**

❹ **発生**

考え方

❶ ❹ 根の先端(せんたん)のように体が成長するときの分裂は，体細胞分裂(たいさいぼうぶんれつ)である。

❻❼ 細胞分裂が行われるとき，核(かく)には特別な変化が起こって，染色体が見えるようになる。染色体の本数は，生物の種類によって決まっている。

❽ 体細胞分裂のとき，1本1本の染色体が縦(たて)に分かれ，それぞれ集まって新しい核をつくる。

❾ 細胞分裂によって2つに分かれた細胞は，もとの細胞よりも小さくなるが，それぞれの細胞がやがて大きくなることで成長していく。

❷ ❶ ミカヅキモは単細胞生物で，無性生殖でなかまをふやす。

❷ 生殖細胞でなかまをふやす生殖のしかたを有性生殖という。

❸❹ 精細胞と卵細胞の核が合体することを受精という。

❺ 受精した卵細胞は胚になる。種子が発芽すると，中の胚は成長してやがて親と同じような植物の体に育つ。

❸ ❶ 精子や卵は減数分裂によって染色体の数が半分になっているが，合体することにより，もとの染色体の数になる。また，卵は精子より大きく，ヒトの場合，卵の直径は0.1〜0.15mmくらい，精子の長さは0.06mmくらいである。

❷❸ 受精卵は，細胞分裂を繰り返して，たくさんの細胞からできた胚になる。胚は細胞分裂を繰り返しながら複雑な体のしくみをつくり，新しい個体となる。

p.22-23　Step ❷

❶ ❶ 顕性

❷ ①Aa　②aa

❸ ①丸い種子　②2　③しわのある種子　④1

❹ 3 対 1

❺ 対立形質

❻ 分離の法則

❷ ❶ ㋐

❷ 赤花

❸ ❶ 染色体

❷ DNA（デオキシリボ核酸）

❸ 減数分裂

❹ 遺伝子組換え（遺伝子操作）

考え方

❶ ❶❺ 対立形質をもつ純系の親どうしをかけ合わせた子には，一方の形質のみが現れる。Aのように，子に現れる形質を顕性（優性）の形質，aのように，子に現れない形質を潜性（劣性）の形質という。

❸ Aの遺伝子をもつものは，顕性の形質が現れる。

❹ AAの割合を1とすると，Aaの割合が2，aaの割合が1となる。Aaは丸い種子ができるので，丸い種子の割合はAAとAaを合わせた3になる。よって，顕性の形質：潜性の形質＝3：1となる。

❷ ❶ 2年目の子のマツバボタンは赤花をつけるが，白花の親がもっていた白花の遺伝子ももっている。それが3年目の孫の代に姿を現したと考えられる。

❷ 子の代に現れた赤花が顕性である。

❸ ❶❷ 細胞の核の中にある染色体は，DNA（デオキシリボ核酸）とタンパク質からできている。このDNAが親から子へ伝わることによって形質が伝えられる。

❸ 精細胞や卵細胞がつくられるときに行われる減数分裂では，ふつうの細胞分裂と異なり，染色体の数が半分になる。

❹ 遺伝子組換えの技術は，農作物や薬品，観賞用の花などをつくるために実用化されているが，遺伝子を変化させた作物が自然環境にあたえる影響など，課題もある。

p.25　Step ❷

❶ ❶ A鳥（類）　B哺乳（類）

C は虫（類）　D両生（類）　E魚（類）

❷ ㋑

❷ ❶ C

❷ 下の図

A ヒト　　　　B コウモリ　　　　C クジラ

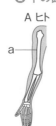

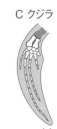

❸ もとは，同じ器官だったものがそれぞれ進化した。

❹ 相同器官

考え方

❶ ❶ 化石から，古生代の前半に魚類が，古生代の中ごろに両生類が，古生代の後半には虫類が，中生代のはじめに哺乳類が，中生代の中ごろに鳥類が現れたと考えられている。

❷ はじめに魚類が水中に現れ，次に，魚類のあるものから両生類が現れた。両生類は，子のときはえらで呼吸するので水中でしか生活できないが，おとなになると肺で呼吸するので陸上で生活できるようになる。このように，肺で呼吸できるようになったことで，陸上に進出できるようになった。

❷ ❶ 図の左から，ヒト，コウモリ，クジラの前あしである。哺乳類のこの３種類の動物を比べてみると，ヒトの前あしは道具を使うための腕，コウモリの前あしは空を飛ぶための翼，クジラの前あしは水中を泳ぐための胸びれというように，生活様式にあわせて前あしのはたらきも異なっている。

❷ ❸ ❹ 前あしの骨格を比べてみると，基本的なつくりに共通点がみられる。このように，現在の形やはたらきは異なっていても，もとは同じ器官であったと考えられるものを，相同器官という。

p.26-27 Step ❸

❶ ❶ ① a　② e　③ b　④ d　⑤ f　⑥ c

❷ (a →) d　→　b　→　e　→　c (→ f)

❸ **１つ１つの細胞は大きくなる。**

❷ ❶ **減数分裂**

❷ **23本**

❸ **受精**

❹ **46本**

❺ **メンデル**

❸ ❶ **黄色**

❷ A㋐　B㋒　C㋑

❸ A㋓　B㋔

❹ ① Y　② y　③ Y　④ y　⑤ Yy　⑥ yy

❺ ㋒

❹ ❶ **進化**

❷ **相同器官**

考え方

❶ 細胞分裂のときには，核の中の染色体も２つに分かれる。分裂によって，まったく同じ染色体をもった細胞が２つできる。分裂した細胞の大きさはもとの細胞よりも小さくなるが，その後大きくなる。

❷ 減数分裂によって，精子や卵の染色体の数は半分になる。受精してできた子は，両親の遺伝子を受け継いでいる。個体の特徴は，さまざまな形質の組み合わせによって決まるので，有性生殖で生まれる子は，同じ親から生まれる子どうしでも，異なる特徴を示すことがある。

❸ ❷ 代々同じ形質を示し続けている個体のもつ遺伝子の対は，必ず同じものである（YYまたはyy)。子Ｃでは，異なる遺伝子が対になっている（Yy）が，形質は顕性（Ｙ）の黄色となる。

❸ 体の細胞では遺伝子は対になっているが，精細胞や卵細胞には対になっていた遺伝子の一方が入る。

❹ 子Ｃの細胞がもつ遺伝子がYyなので，その精細胞や卵細胞には，Ｙまたはｙが入る。

❺ 孫Ｄがもつ遺伝子はYYかYyかyyで，その数の比は１：２：１。YYとYyの形質はどちらも子葉が黄色で，yyだけが緑色となる。

❹ ❶ 生物は多くの代を重ね，長い時間をかけてしだいに変化する。このような変化を生物の進化という。生物がもつ，それぞれの生活環境に適応するのに役立つ形質は，進化と深くつながっている。

❷ 両生類・は虫類・哺乳類の前あし，鳥類の翼のように，形もはたらきもちがうのに，骨格の基本的なつくりが似ていて，もとは同じものが変化したと考えられる部分を相同器官という。

自然界のつながり

p.29-31 **Step ②**

❶ ❶ 有機物

　❷ 名称…**生産者**　図…D

　❸ 消費者

　❹ B

　❺ 小さくなる。

　❻ 多くなる。

　❼ 食物網

❷ ❶ Ａミミズ　Ｂダンゴムシ

　❷ ムカデ

　❸ 生物の死がいやふん

❸ ❶ ㋐, ㋓（順不同）

　❷ ㋑, ㋒（順不同）

　❸ 無機物

　❹ 分解者

　❺ 土の中の微生物が死んでしまったため。

❹ ❶ ふえる。

　❷ 減る。

　❸ 減る。

❺ ❶ 光合成

　❷ 生産者

　❸ 有機物

　❹ 呼吸

　❺ 消費者

　❻ a 酸素　　b 二酸化炭素

　❼ 微生物

　❽ 無機物

　❾ 分解者

　❿ ㋐, ㋓（順不同）

―――――――――――――――

考え方

❶ ❶ 食物連鎖によって移動する物質は有機物
である。

　❷ 植物は，生態系の中で無機物から有機物を
つくり出すことから，生産者とよばれる。
植物は二酸化炭素や水などの無機物を原料
に太陽の光のエネルギーを使って有機物を
つくり出している。

　❸ 動物は植物によってつくられた有機物を食

べて生きているので消費者とよばれてい
る。

　❹ ❺ Ａが大形の肉食動物，Ｂが小形の肉食
動物，Ｃが草食動物である。

　❻ ピラミッドの下にあるものほど個体数が多
く，上にあるものほど個体数が少ない。

❷ 土の中にも，食物連鎖がある。その出発点
は，落ち葉や腐った植物，動物の生物の死
がいやふんである。ミミズやダンゴムシは
落ち葉を食べる草食動物で，ムカデはその
草食動物を食べる肉食動物である。

❸ ❶ 土の中には，菌類や細菌類などの微生物
がいる。菌類はカビやキノコなどのなかま
であり，細菌類は乳酸菌などのなかまであ
る。これらの生物は，有機物を無機物に分
解している。

　❸ 無機物とは，炭素を含まない化合物である。
二酸化炭素や一酸化炭素は炭素を含んでい
るが無機物に分類される。

　❹ 土の中の菌類，細菌類は，落ち葉や生物の
死がいなどの有機物を無機物にまで分解す
るので，分解者とよばれている。

❹ ❶ カエルはサギのえさなので，えさがふえれ
ばサギの数はふえる。

　❷ 昆虫はカエルのえさなので，カエルの数が
ふえれば昆虫の数は減る。

　❸ カエルを食べるサギの数がふえると，カエ
ルが減る。また，カエルのえさである昆虫
が減ると，食べ物がなくなるので，生き残
ることのできるカエルは少なくなる。した
がって，はじめにふえたカエルの数は，そ
の後減少し，生物の種類や数のつり合いが
保たれるようになる。

❺ ❶ 植物は無機物の二酸化炭素と水をとり入れ
て，光合成を行い，デンプンをつくり出し，
酸素を放出している。

　❷ 光合成によって，デンプン（有機物）を生
産している。

　❸ 植物によってつくられた有機物は，食物と
して消費者である動物にとりこまれる。

　❹ 自然界の生物は，細胞で呼吸を行い，エネ

ルギーを得て，二酸化炭素と水を放出している。

⑥ aは，すべての生物が呼吸によってとり入れているので，酸素である。bは，すべての生物が呼吸によって放出し，植物が光合成を行うためにとり入れているので二酸化炭素である。

⑧ 生物の死がいや排出物などに含まれる有機物を無機物に分解して，エネルギーを得ている。

⑨ 有機物を無機物に分解している。

p.32-33 **Step ❸**

❶ ① **食物連鎖**

② ㋒ → ㋐ → ㋓ → ㋑

❷ ① **ケイソウ**

② B → C → A

❸ ① ㋑

② **二酸化炭素**

③ **呼吸**

④ ㋒

⑤ **分解者**

❹ ① **酸素**

② ㋒

③ a **酸素**　b **デンプン**

c **二酸化炭素**　d **水**

④ **ふんや死がいなどの有機物を無機物に分解する。**

⑤ **分解者**

⑥ ㋑，㋔（**順不同**）

⑦ C

❺ ㋓

[考え方]

❶ ② イネは植物，ネズミは草食動物，ヘビは小形の肉食動物，タカは大形の肉食動物である。

❷ 水中でも，食べる・食べられるの関係が成り立つ。光合成を行って有機物をつくり出しているケイソウが生産者，ケイソウを食べるミジンコと，ミジンコを食べるフナが消費者である。個体数は，Bケイソウ，Cミジンコ，Aフナの順に少なくなっている。

❸ ① 液aには微生物が含まれている。この液を一度沸とうさせると，含まれていた微生物はすべて死んでしまう。よって，A，Bのふくろのちがいは微生物がいるか，いないかである。

④ 微生物がデンプンを分解するため，Aはヨウ素液を入れても変化しない。

❹ ① 物質Xは，すべての生物が呼吸によりとり入れている気体である。

② 図のように，A⇢B⇢Cの順で有機物が移動しているので，Aは植物，Bは草食動物，Cは肉食動物であることがわかる。

③ 呼吸は，酸素をとり入れ，二酸化炭素を放出するはたらきである。

④⑤ 生物Aから生物Dへの⇢は，落ち葉や腐った植物などを生物Dが分解することを示し，生物B・Cから生物Dへの⇢は，生物B・Cのふんや死がいなどを生物Dが分解することを示している。

⑥ 生物の死がいやふんなどを分解して生活している，土の中の小動物や微生物の菌類（カビ・キノコのなかま），細菌類（乳酸菌などのなかま）を分解者という。

⑦ 炭素原子（原子の記号C）は，光合成と呼吸のはたらきによって，（二酸化炭素）→［光合成］→（有機物）→［呼吸］→（二酸化炭素）→…と循環している。

❺ ウサギは草食動物，ヤマネコはウサギなどを食べる肉食動物なので，ウサギとヤマネコの間には食物連鎖の関係がある。ウサギがふえると，その分だけヤマネコのえさが多くなるので，ヤマネコがふえる。しかし，そのふえ方は，ウサギのふえ方と同時ではなく少し遅れてふえる。

▶ 本文 p.35-39

化学変化とイオン

p.35-36 Step ❷

❶ ① ① **イオン**　② 符号…**－**　名称…**陰イオン**
　③ **電解質**
② **非電解質**

❷ ① **あわ（気体）が発生する。**
② **金属光沢が出る。**
③ **銅，塩素（順不同）**

❸ ① ㋐**電子**　㋑**中性子**　㋒**陽子**
② **原子核**
③ **同位体**

❹ ① $HCl \rightarrow H^{+} + Cl^{-}$
② $NaCl \rightarrow Na^{+} + Cl^{-}$
③ $NaOH \rightarrow Na^{+} + OH^{-}$
④ $CuCl_2 \rightarrow Cu^{2+} + 2Cl^{-}$
⑤ $H_2SO_4 \rightarrow 2H^{+} + SO_4^{2-}$
⑥ $NH_4Cl \rightarrow NH_4^{+} + Cl^{-}$

❺ ① **水酸化物イオン**
② Na^{+}
③ 右図

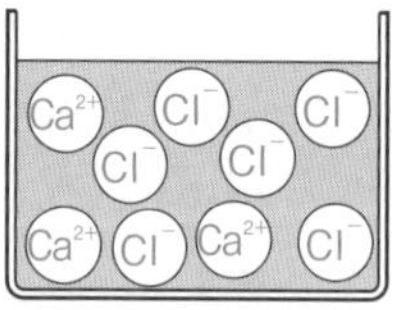

④ $CaCl_2 \rightarrow$
　$Ca^{2+} + 2Cl^{-}$
⑤ **等しい。**

考え方

❶ ① 水に溶けてイオンに分かれる物質を電解質という。電子は－の電気をもっていて，電気を帯びていない原子が電子を得ると，－の電気を帯びた陰イオンに，原子が電子を失うと＋の電気を帯びた陽イオンになる。

❷ ① 塩素が発生して，プールの消毒薬のようなにおいがする。
② 陰極の炭素棒には銅が付着する。こすると，金属光沢が出る。

❸ 1つの原子の中で電子の数と陽子の数は等しく，元素の種類は陽子の数によって決まる。同じ元素でも中性子の数がちがう原子を同位体というが，化学的な性質はほとんど変わらない。

❹ ④ 塩化銅の化学式は$CuCl_2$で，銅イオン（陽イオン）と塩化物イオン（陰イオン）に電離している。銅イオンは一般に，銅原子1個が電子を2個放出してできる。
⑤ 硫酸の化学式はH_2SO_4で，水素イオン（陽イオン）と硫酸イオン（陰イオン）に電離している。
⑥ 塩化アンモニウムの化学式はNH_4Clで，アンモニウムイオン（陽イオン）と塩化物イオン（陰イオン）に電離している。

❺ ① ② 水酸化ナトリウム→ナトリウムイオン（陽イオン）＋水酸化物イオン（陰イオン）となる。
③ ④ 塩化カルシウム→カルシウムイオン（陽イオン）＋塩化物イオン（陰イオン）となる。
⑤ 電子の移動があるだけなので，原子の数は変化しない。

p.38-39 Step ❷

❶ ① ㋐
② $Zn \rightarrow Zn^{2+} + 2e^{-}$
③ $CuSO_4 \rightarrow Cu^{2+} + SO_4^{2-}$
④ $Cu^{2+} + 2e^{-} \rightarrow Cu$
⑤ **変化しない。**
⑥ **亜鉛**
⑦ **マグネシウム→亜鉛→銅**

❷ ① **イ，ウ，カ**
② **マグネシウム**

❸ ① **亜鉛板**
② **－極**
③ $Cu^{2+} + 2e^{-} \rightarrow Cu$
④ $Zn \rightarrow Zn^{2+} + 2e^{-}$
⑤ $Zn + Cu^{2+} \rightarrow Zn^{2+} + Cu$
⑥ －極から＋極

❹ ① **電気**エネルギー
② **一次電池**
③ **二次電池**
④ **燃料電池**
⑤ ㋐

考え方

❶ ①② 亜鉛板がうすくなったのは，亜鉛がイオンになったからである。

③ 硫酸銅の化学式は$CuSO_4$で，銅イオン（陽イオン）と硫酸イオン（陰イオン）に電離している。銅イオンは一般に，銅原子１個が電子を２個放出してできる。

④ 硫酸銅水溶液の中の銅イオンは，亜鉛原子が放出した電子を受けとって銅原子となる。

⑤ 銅は亜鉛に比べてイオンになりにくい。

⑥ マグネシウムは亜鉛に比べてイオンになりやすく，硫酸亜鉛水溶液の中の亜鉛イオンは，マグネシウム原子が放出した電子を受けとって亜鉛原子となる。

❷ ① 硫酸銅水溶液には，銅よりもイオンになりやすい亜鉛とマグネシウムが反応し，赤色の物質が付着する。また，硫酸亜鉛水溶液には，亜鉛よりもイオンになりやすいマグネシウムが反応し，黒色の物質が付着する。

② 実験より，マグネシウムは亜鉛や銅よりも，亜鉛は銅よりもイオンになりやすいことがわかる。

❸ ① イオンになりやすい亜鉛の方がうすくなる。

② イオンになりやすい亜鉛の方が，電子を放出して－極になる。

③ ＋極の銅板側では，硫酸銅水溶液の中の銅イオン（陽イオン）が，－極から移動してきた電子を受けとって銅原子となる。

⑤ 全体の化学反応は，－極と＋極の反応を合わせたものになる。

⑥ 電流は導線を通って＋極から－極に流れるが，電子はその逆となる。

❹ ② 充電できない使い切りの電池が一次電池である。

③ 充電できる電池が二次電池である。

④ 水に電流を流すと，水素と酸素に分解する。逆に，水素と酸素を化合させて電気エネルギーをとり出すようにした装置が燃料電池である。燃料電池車は，ガソリン車よりも大気汚染物質を排出しない。

⑤ ダニエル電池やボルタ電池は，反応が進むうちに，水溶液中のイオンが変化したり－極の金属板がうすくなったりするため，やがて使えなくなる。

p.41-43 Step 2

❶ ㋒，㋔（順不同）

❷ ① **酸**

② 名前…**水素イオン**　化学式…H^+

③ $HCl \rightarrow H^+ + Cl^-$

④ **水素**

⑤ **アルカリ**

⑥ 名前…**水酸化物イオン**　化学式…OH^-

⑦ $NaOH \rightarrow Na^+ + OH^-$

❸ ㋐，㋑（順不同）

❹ ① **黄色**

② **中性**

③ **塩化ナトリウム**

④ **塩**

⑤ H_2O

⑥ **中和**

❺ ① ㋒

② H^+

③ **赤色**から**青色**

④ **硫酸バリウム**

⑤ **白い沈殿になっている。**

❻ ① **中和**

② **塩化ナトリウム**

③ **青色になる。**

考え方

❶ 指示薬の性質をよく覚えておこう。

	リトマス紙	BTB液	フェノールフタレイン液
酸性	青→赤	黄色	無色
中性	変化なし	緑色	無色
アルカリ性	赤→青	青色	赤色

❷ ①② 代表的な酸性の水溶液として，塩酸（HCl），硫酸（H_2SO_4）などがあり，共通して水素原子（H）が含まれている。電離した水素イオン（H^+）のはたらきで，酸の性質が現れる。

③ 塩化水素の化学式はHClで，水素イオン（陽イオン）と塩化物イオン（陰イオン）に電離する。

④ 水素イオンがマグネシウムから電子を受けとって気体になる。

⑤⑥⑦ 代表的なアルカリ性の水溶液として，水酸化ナトリウム（NaOH）水溶液があり，電離したときに水酸化物イオン（OH^-）が生じる。水酸化物イオンのはたらきで，アルカリの性質が現れる。

❸ pHは酸性やアルカリ性の強さを表す。pH 7は中性を表し，7より小さいほど酸性が強く，7より大きいほどアルカリ性が強い。pHは，水溶液中の水素イオンの濃度から求められる。

❹ 酸とは水に溶けてH^+を生じる物質であり，アルカリは水に溶けてOH^-を生じる物質である。中和とは，酸のH^+とアルカリのOH^-とが結びつく化学変化で，このとき，水（$H^+ + OH^- \rightarrow H_2O$）と塩ができる。

①② BTB液は，酸性で黄色，中性で緑色，アルカリ性で青色に変化する。

❺ ①② ㋐と㋑は，水素イオン（H^+）が水溶液の中にあるので酸性を示す。㋒は水素イオン（H^+）も水酸化物イオン（OH^-）もないので，中性を示す。㋓は水酸化物イオン（OH^-）があるので，アルカリ性を示す。

③ アルカリ性の水溶液は，赤色リトマス紙を青色に変える。

④ 中和により硫酸バリウムができるとき，$Ba^{2+} + SO_4^{2-} \rightarrow BaSO_4$となる。

❻ 塩酸10 mLに水酸化ナトリウム水溶液20 mLを加えたときに，液全体が緑色になったことから，このときの塩酸10 mLと水酸化ナトリウム水溶液20 mLが，過不足なく反応したことになる。

① $HCl + NaOH \rightarrow NaCl + H_2O$という化学変化が起こり，中和した。

② 中和してできた塩である塩化ナトリウムの結晶が生じた。

③ 水酸化ナトリウム水溶液を20 mL加えたときに中性になるから，水酸化ナトリウム水溶液をそれより多い30 mL加えると，その溶液はアルカリ性（BTB液を加えると青色）になる。

p.44-45 Step ❸

❶ ① **$CuCl_2 \rightarrow Cu^{2+} + 2Cl^-$**

② 陽極…**塩素**　陰極…**銅**

③ **$CuCl_2 \rightarrow Cu + Cl_2$**

④ **起こらない。**

❷ ① **㋑**

② **㋐，㋑（順不同）**

③ **㋐，㋒（順不同）**

④ **㋑**

⑤ **㋐**

❸ ① **c**

② **水素イオン**

③ **b**

④ **水酸化物イオン**

⑤ **指示薬**

❹ ① **黄色**

② **中性**

③ **塩化ナトリウム**

④ **中和**

⑤ **塩**

[考え方]

❶ 塩化物イオン（Cl^-）は陽極で気体の塩素（Cl_2）になる。銅イオン（Cu^{2+}）は陰極で銅（Cu）になる。

❷ ① 気体（水素H_2）が発生する。

② ㋒…同じ種類の金属では，電気はとり出せない。㋓…ガラスは金属ではない。

③ 非電解質の水溶液では電流は流れない。

④ 化学変化が起こらなくなると，電流は流れなくなる。

⑤ ㋑…火力発電は，有機物を燃焼させて得た熱エネルギーで水蒸気をつくり，この水蒸気でタービンを回して発電する。㋒…太陽光電池は，光エネルギーを直接電気エネルギーに変えるしくみである。

❸ ①② 塩化水素は，HCl → H^+ ＋ Cl^-のように電離（でんり）している。電離によって生じた水素イオン（H^+）が酸（さん）の性質を示す。ろ紙の中で水素イオン（H^+）は，陰極に引かれて図の左方向へ移動する。これにより青いリトマス紙が赤色に変化する。

③④ 水酸化ナトリウムは，NaOH → Na^+ ＋ OH^-のように電離し，電離によって生じた水酸化物イオン（OH^-）が，アルカリの性質を示す。ろ紙の中で水酸化物イオン（OH^-）は，陽極に引かれて図の右方向へ移動する。これにより赤いリトマス紙が青色に変化する。

❹ ② 塩酸に水酸化ナトリウム水溶液を加えると，H^+ ＋ OH^- → H_2Oという化学変化が起こり，水素イオンも水酸化物イオンも存在しなくなることから，中性の性質を示す。

③ 水溶液中には，ナトリウムイオン（Na^+）と塩化物イオン（Cl^-）が残っているので，加熱して水分を蒸発させると，ナトリウムイオン（Na^+）と塩化物イオン（Cl^-）が結びついて塩化ナトリウム（NaCl）ができる。

地球と宇宙

p.47-49 Step ❷

❶ ① 0
② ㋒
③ **（天球上での）太陽の動き**
④ **日の出**
⑤ **南中**
⑥ **南中高度**

❷ ① **地軸**
② 右図
③ ㋑

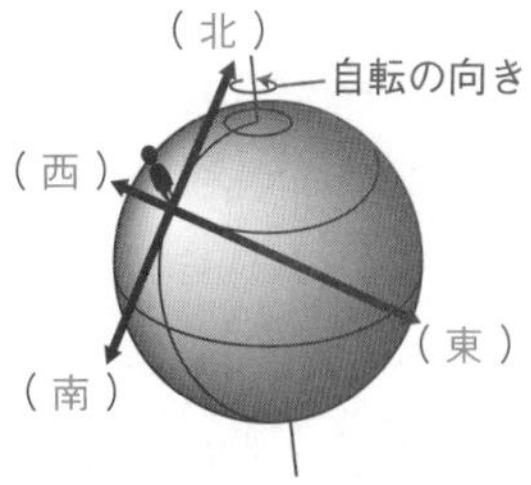

❸ ① A **東**
B **南**
C **西**
② 下図

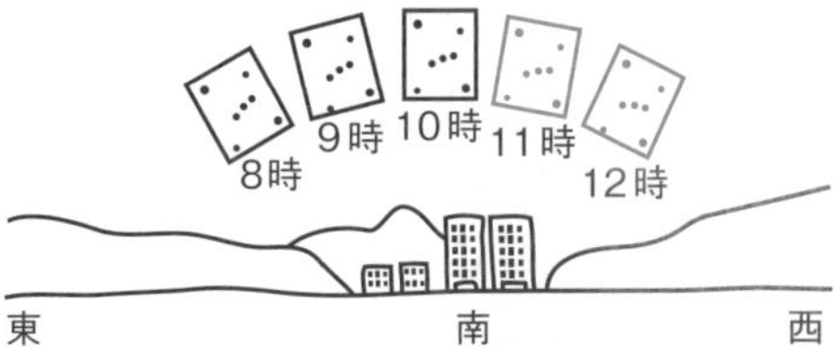

③ **一定。**
④ **ほぼ同じ。**

❹ ① **カシオペヤ座**
② **北斗七星**
③ ㋐
④ **北極星**
⑤ **（星の）日周運動**
⑥ **15度**

❺ ① A **西**　B **北**
C **南**　D **東**
② ㋑

❻ ① a ㋒　b ㋐
c ㋓　d ㋑
② r
③ **（地球の）公転**

❼ ① **黄道**
② c
③ A

考え方

❶ Aは南，Bは東，Cは北，Dは西である。

① 油性ペンの先端の影が点Oにくるように測定する。

② 太陽が動いているように見えるのは，地球の自転による見かけの動きである。地球は一定の速さで1日（24時間）に1回転している。よって，太陽は，1時間に，360°÷24＝15°ずつ，一定の速さで動いているように見える。

④ 太陽は，図2のaからのぼり，Pを通って，bに沈む。

⑤ 太陽の高度が最も高くなるときである。

❷ ① 地軸を軸にして，地球は1日1回転している。

② 地球上では，経線にそって北極の方位が北，南極の方位が南である。それに直角な方角が真東，真西である。

③ 太陽が東からのぼるように見えるのは，地球が西から東に自転しているからである。

❸ オリオン座は，日本では冬に南の空に見える星座である。オリオン座は，2つの1等星と中に3つ星があるので，見つけやすい。

① オリオン座が見えている方位が南だから，左側（A）が東，右側（C）が西となる。

② 東の空からのぼった星は，時間がたつにつれ南の空の高いところへ移動し，西の空へ一定の速さで沈んでいく。

③ オリオン座が動いているように見えるのは，地球が自転しているためである。地球は一定の速さで自転している。

❹ ③ 北の空では星は反時計回りに1日に1回転しているように見える。

❺ 下図のように，星は，東の空では左下から右上に，南の空では左から右に，西の空では左上から右下に，北の空では反時計回りに，それぞれ動いている。

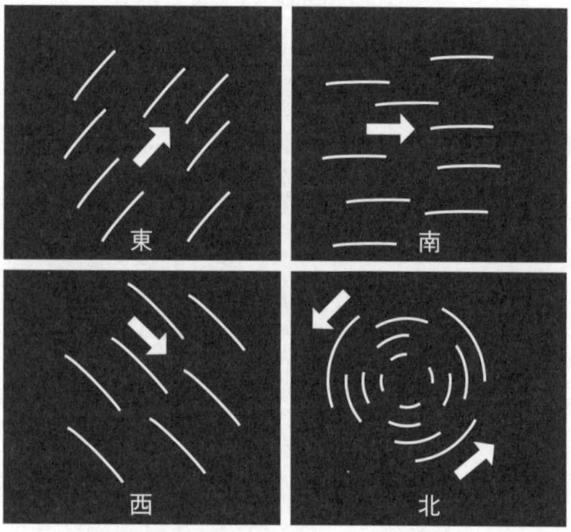

❻ ① bでは，夜から朝（太陽の光が当たる側）に変わる。dでは，昼から夜（太陽の光が当たらない側）に変わる。

② 同じ時刻に見える星座の位置は，南の空では東から西へ，1か月に約30°移動して見える。

❼ 太陽が黄道上を1年間で1周するのは，地球が太陽のまわりを公転しているためである。

② ㋐の位置から見て，太陽の方向にある星座は，おうし座（c）である。

③ 太陽は星座の間を西から東へ動いていくように見える。

p.51-53 Step 2

❶ ① A **春分**（の日）　B **夏至**（の日）
C **秋分**（の日）　D **冬至**（の日）

② B

③ ㋐

❷ ① 図1…A　図2…㋑

② 図1…C　図2…㋓

③ 図1…B　図2…㋐

❸ ① a

② d

③ B

➍ 夏
➎ D
➏ 冬至
➐ 23.4度
➑ ㋐，㋓（順不同）
➒ 同じになっている。

❹ ➊ 自転
➋ ㋑
➌ 地軸
➍ 夏

❺ ➊ 図１B　図２イ
➋ A，C（順不同）
➌ 図１D　図２エ

❻ ➊ A
➋ ① 高く　② 低く　③ 増える　④ 長く
➌ ① 傾けたまま太陽のまわりを公転している
② 南中高度　③ 昼の長さ

[考え方]

❶ ➊ １年のうちで，南中高度が最も高いのが夏至の日で，最も低いのが冬至の日である。この２つの日にはさまれているのが，春分の日と秋分の日である。

➋ ➌ 下図のように，太陽の高度が高いと太陽の光の当たる角度が大きくなり，同じ面積あたりに受ける光の量が増えるため，それだけ温度が高くなる。

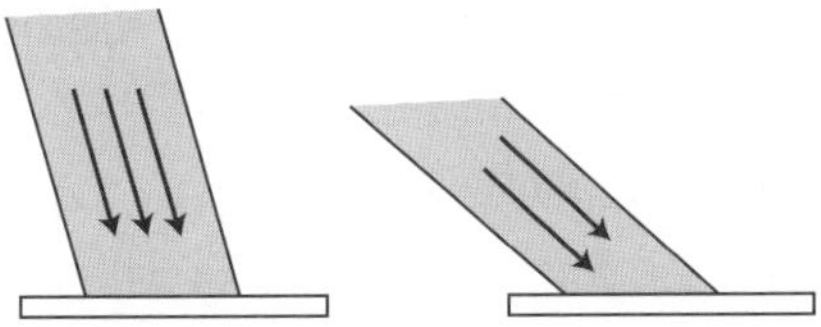

夏至（B）　　冬至（D）

❷ ➊ 太陽の南中高度が最も高いのは夏至である。図２では，㋑の図のように，北半球が太陽側に傾いているときの地球の位置が北半球では夏である。

➋ 太陽は，冬至のときは真東よりも南からのぼり，夏至のときは真東よりも北からのぼる。

➌ 春分の日と秋分の日は，太陽は真東からのぼり，真西に沈む。

❸ 地軸の北極側が太陽の方向に傾いているものが北半球では夏である。したがって，北半球ではBが夏。地球の公転は反時計回りに回るので，Cが秋，Dが冬，Aが春となる。また，南中高度は下の図のようにして考える。

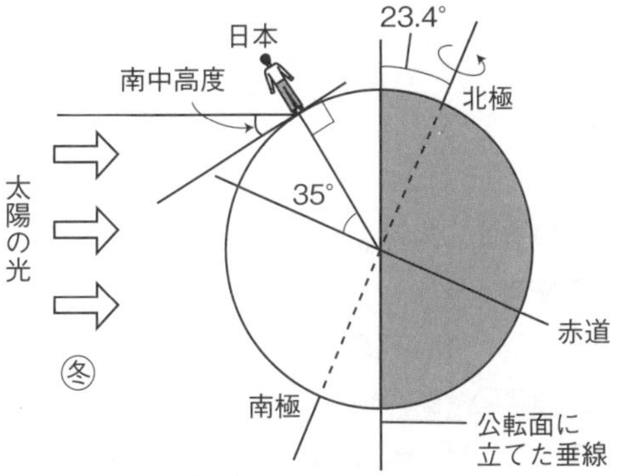

➊ ➋ 地球の自転の向きは，地軸の北極側から見ると反時計回りで，地球の公転の向きと同じである。

➌ ➍ 昼が最も長くなるのは，夏至の日である。

➎ ➏ 太陽の南中高度が最も低いのは，冬至の日である。

➑ ㋑は地球の公転によるもの。また，㋒は変化しない。

➒ 春分の日と秋分の日は，昼の長さと夜の長さが等しくなる。

❹ ➊ 地球は，地軸を軸として，西から東へ約１日に１回，自転している。そのために，天体が１日に１回，東から西へ回転しているように見える。

➍ 北寄りから太陽がのぼると，南中高度が高くなり，太陽が出ている昼の長さは長くなる。したがって，その季節は夏となる。

❺ 夏至の日は，北極側が太陽の方向に傾き，日本では昼の長さが長くなる。また，冬至の日は，北極側が太陽と反対の方向に傾き，日本での昼の長さは短くなる。春分の日，秋分の日は，昼と夜の長さがほぼ同じになる。

❻ 季節の変化が生じるのは，地軸が公転面に立てた垂線に対し傾いたまま，地球が１年に１回太陽のまわりを公転しているため，南中高度や昼の長さが変化するからである。

p.55-57 **Step ❷**

❶ ❶ 新月→C→B→A→D

　❷ Aⓒ　Bⓐ

　　Cⓒ　Dⓔ

　❸ ⓚ

❷ ❶ ⓐ

　❷ ⓔ

❸ ❶ a

　❷ 日食A　月食C

　❸ 新月

　❹ ⓘ, ⓒ（順不同）

　❺ 満月ⓘ　新月ⓔ

❹ ❶ 太陽, 月, 地球（または, 地球, 月, 太陽）

　❷ 太陽, 地球, 月（または, 月, 地球, 太陽）

❺ ❶ ⓕ

　❷ 東

　❸ 西

　❹ 明けの明星

　❺ よいの明星

　❻ ⓔ

　❼ ⓔ

　❽ 見ることができない。

　❾ 金星が地球の内側を公転しているから。

　❿ 恒星

　⓫ 惑星

考え方

❶ ❶ 月は，地球から見て，地球のまわりを西から東に回っている。新月から次の新月になるまでに約１か月かかる。月は，新月→三日月→半月（上弦の月）→満月→半月（下弦の月）の順に変わっていく。

　❷ 図２で，地球から月を見たときに，月のどの部分が光って見えるかを考えればよい。たとえば，ⓒは，月の光っているほうだけが地球に向いているから，満月である。

　❸ 新月のとき，地球―月―太陽の順にほぼ一直線上に並ぶ。

❷ ❶ 夕方に南の空で図のように見える月は，❶の図２のⓐのときである。

❷ ３日後の同じ時刻に観察すると，月は❶の図２でⓘ付近にあると考えられる。３日前より月の明るく見える部分が大きくなり，東寄りに見える。

❸ ❶ 月が地球のまわりを回る向きは，地球の公転の向きと同じで，北極上空から見て反時計回りである。

　❷❸ 月食は，太陽―地球―月の順に一直線上に並んだとき，月が地球の影に入ると起こる。日食は，太陽―月―地球の順に一直線上に並んだとき，太陽が月にさえぎられると起こる。つまり，日食は新月のときに起こり，月食は満月のときに起こる。

　❹ 太陽と月の「見かけの」大きさがほとんど同じであることは，太陽全体が月によってほぼ完全に見えなくなる皆既日食や金環日食が起こることからわかる。地球から月までの距離は，地球から太陽までの距離の約400分の１である。また，月の直径は太陽の直径の約400分の１である。

❹ 日食が起こるのは，地球―月―太陽がこの順にほぼ一直線に並ぶときである。このとき，月は太陽の光の当たらない部分を地球に向けているので，新月である。これに対し，月が地球の影に隠れる月食は，太陽―地球―月の順に並ぶときで，月は満月である。

❺ 金星は，地球の内側を公転している。そのため，太陽に近い方向にあるので，夕方の西の空か，明け方の東の空でしか見ることができない。

　❶❷ ⓕの金星が見える位置では，地球は夜から昼に変わるところである。ⓕは明けの明星で，下の図のように東の空に見える。

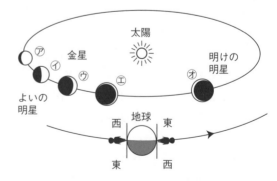

▶ 本文 p.57-61

⑥ ⑦ 地球に近づくほど大きく見え，欠け方も大きくなる。

⑧ 太陽と同じ方向にあり，地球―太陽―金星の順に並んだとき，地球から金星は見ることができない。

⑨ 金星は地球よりも内側を公転している。そのため，真夜中に金星を見ることはできない。

p.59-61 Step ❷

❶ ① **太陽の像が記録用紙に映るようにする。**

② **太陽を直接見たり，天体望遠鏡で直接太陽をのぞいたりすること。**

③ **黒点**

④ **まわりより温度が低いから。**

⑤ **太陽は球形であり，自転していること。**

❷ ① **気体**

② **プロミネンス（紅炎）**

③ **コロナ**

④ 表面…㋑　中心部…㋓

❸ ① **太陽**

② ㋐

③ **同じ。**

④ **公転周期**

⑤ **長い。**

❹ ① a **火星**　b **天王星**　c **海王星**

② **月**

③ **木星**

④ **水星**

⑤ **金星**

❺ ① **等級**

② **星によってちがう。**

③ **シリウス**

④ **距離**

❻ ① **金星**

② **星団**

③ **星雲**

④ **銀河系**

⑤ **銀河**

⑥ **天の川**

考え方

❶ ② 観察するときは，投影板に映った太陽の像をスケッチする。太陽は非常に明るい天体であるため，裸眼や天体望遠鏡で直接太陽を見ると目をいためる危険がある。

④ 黒点の温度は約4000 ℃で，まわりの温度（約6000 ℃）より低いので黒く見える。

⑤ 黒点は，日がたつにつれて位置が変化することから，太陽が自転していることがわかる。また，太陽の端のほうでは楕円形に見えることから，太陽が球形をしていることがわかる。

❷ ① 太陽は直径が約140 万kmである巨大な天体で，高温の気体からなり，多量の光を放出している。

② プロミネンス（紅炎）は太陽表面にのびる濃い高温ガスで，温度は約10000 ℃である。

③ 月によって，太陽が全部隠される皆既日食のときには，月のまわりに輪のようになったコロナが見られる。コロナの温度は100 万℃以上で，太陽の表面の温度（約6000 ℃）よりはるかに高温である。

❸ ① 太陽系の惑星の公転の中心は太陽である。

④ ⑤ 地球の公転周期は１年。海王星の公転周期はおよそ165年である。

❹ ② 月は地球のまわりを回っている。

③ 太陽系で最も大きい惑星は木星で，木星の直径は地球の直径の約11倍である。

④ 太陽に最も近い惑星である。

⑤ 明け方の東の空か，夕方の西の空でしか見えない惑星である。

❺ ② 同じ星座の星は天球上の位置が近いだけで，実際の距離(きょり)はそれぞれ異なっている。

③ 恒星(こうせい)の明るさは等級で表され，数値が小さいほど明るい。

❻ ① 星座をつくる星は恒星で，地球からの距離が非常に大きいので，天体望遠鏡で見ても大きくは見えない。これに対し，近くにある金星は天体望遠鏡で見ると大きく見える。

⑥ 地球は銀河系の端のほうにあるので，銀河系の中心部を見ると光の帯のように見える。

p.62-63 Step ❸

❶ ① ㋑

② A㋑　B㋐　C㋑　D㋑

③ **2時間**

❷ ① ㋒

② A

③ c

④ a

❸ ① a

② ㋔

③ A，B

④ A

⑤ ㋒

⑥ ㋒

❹ ① **銀河系**

② **恒星**

③ **惑星**

④ **地球型惑星**

考え方

❶ ① ② 東の空では南の方にのぼり，南の空では東から西へと動き，西の空では地平線へと沈(しず)む。北の空では北極星をほぼ中心として，反時計回りに回っている。

③ 星は24時間で360°回転するように見えるので，1時間では15°動いて見える。図Bでは30°動いているので，2時間である。

❷ ① 太陽の日周運動(にっしゅううんどう)は，地球の自転(じてん)によって起こる見かけの動きである。地球の自転の速さは一定で，季節によって変わることはないので，太陽の動く速さも変わらない。

② 図2のcは，地球の地軸(ちじく)の北極側が太陽のほうに傾いているので，夏至(げし)の日の位置である。夏至の日，太陽の南中高度は最も高くなるので，図1のAのように動く。

③ オリオン座を見ることができないのは，地球から見た向きが太陽と同じになるときである。

④ 図2のaでは，真夜中に，南の空にオリオン座，東の空にしし座，西の空にペガスス座が見える。

❸ ② 上弦(じょうげん)の月が見えるのは，地球から見て月の右半分に太陽の光が当たっているときである。

③ 図2で地球と太陽を結ぶ線より左に金星があるとき，金星は夕方の西の空に見える。

④ 金星が図2のAにあるとき，地球との距離(きょり)が最も大きいため，金星は最も小さく見える。

⑤ 図2のDにあるとき，地球から見ると左側の一部分のみに太陽の光が当たるので，㋒のように見える。

⑥ 金星は地球より太陽に近い位置にあるため，夕方と明け方にしか見えない。真夜中は観測者に対して地球の反対側にくるので，見ることはできない。

❹ ④ 惑星(わくせい)のうち，水星，金星，地球，火星は小型で密度が大きく，地球型惑星といわれており，木星，土星，天王星，海王星は大型で密度が小さく，木星型惑星といわれている。

地球の明るい未来のために

p.65-66 Step ❷

❶ ① 台風
② 洪水
③ ㋐
④ 豪雨
⑤ 気象災害

❷ ① 緊急地震速報
② S波
③ 避難場所を確認しておく，備蓄品を準備しておく　など

❸ ① 外来種（外来生物）
② 絶滅
③ 地球温暖化
④ ㋒

❹ ① 指標生物
② ㋐
③ ㋓
④ 気孔

考え方

❶ 台風による被害としては，河川の氾濫による洪水，農作物への被害，建物の破壊，土砂崩れなどの土砂災害，高潮などさまざまなものがある。

❷ ①② 地震の発生予測は難しいので，発生直後に地震の揺れを伝えるP波とS波の速さのちがいを利用して緊急地震速報が発表される。携帯電話などに情報が届く。
③ ほかにも，防災訓練に参加したり，部屋にある家具などを固定したり，さまざまな防災対策がある。

❸ ② 絶滅の危機におちいっている生物の種を，絶滅危惧種として指定し，いろいろな団体が保護をよびかけている。
③④ 近年，化石燃料を燃やすことで大気中の二酸化炭素の濃度がふえ，大気の温室効果が強まって気温が上昇していると考えられる。このような地球の気温の上昇を地球温暖化という。地球温暖化の原因の一つとして，産業革命以降の人間の活動が考えられている。

❹ ①②③ 指標生物は，それぞれ限られた水質の環境でくらしている。そのため，その生物を見つけると水質がある程度判断できる。
④ マツの葉の気孔には，空気中の汚れが付きやすい。気孔の汚れを調べれば，空気の汚れ具合をある程度判断できる。

p.68-69 Step ❷

❶ ① B　② C　③ A　④ A，C
⑤ B　⑥ A　⑦ A，B

❷ ① ㋓，㋖（順不同）
② ㋗
③ ㋐，㋒，㋔，㋕，㋗（順不同）
④ 放射線
⑤ 持続可能な社会

❸ ① プラスチック
② 吸水性高分子
③ 炭素繊維
④ 形状記憶合金

❹ ① ㋑
② 被ばく
③ 半減期
④ シーベルト
⑤ ベクレル

考え方

❶ ③④ 植物は光合成によって有機物をつくり，動物は植物から始まる食物連鎖によってエネルギーを得ているため，化石燃料は太古の生物が変化したものであり，生物は昔の太陽のエネルギーが姿を変えたものだといえる。水力発電のダムの水は，太陽のエネルギーで蒸発し，雨や雪となって降ったものなので，水力発電で得た電気エネルギーも，太陽のエネルギーを利用しているといえる。
⑥ 化石燃料を燃やすと，大気汚染物質である

硫黄酸化物や窒素酸化物が発生する。さらに，化石燃料は有機物なので，地球温暖化の原因と考えられている二酸化炭素も発生する。

❷ ② エネルギーとして利用できる生物体のことをバイオマスという。

③ 太陽，地熱，風力などのように，くり返し利用できるエネルギーを再生可能エネルギーという。

❸ ① 安定な性質をもつプラスチックが捨てられて，水中を漂ううちに小さくなってできたマイクロプラスチックを，生物が誤って食べることが，世界中で問題になっている。

❹ ① 放射線には，目に見えない，透過性がある，原子をイオンにする能力がある，などの性質があり，医療などに利用されている。

② 被ばくの量がふえると，細胞の中の遺伝子が傷ついてがんになるリスクがふえるなど，悪影響がある。

③ 放射性物質は，放射線を出すうちに他の物質に変わるので，時間とともに減っていく。

④ 私たちは，自然に生活していても自然放射線を受けており，その線量は年間平均で2.1 mSv（ミリシーベルト）程度である。

p.70-71 Step ❸

❶ ① ㋒

② ㋑

❷ ① **形状記憶合金**

② **機能性高分子**

③ ㋒

④ ㋒

⑤ **抗生物質**

⑥ **ワット**

⑦ **ハイブリッドカー**

⑧ **インターネット**

❸ ① A**火力**　B**原子力**

C**水力**

② ㋐**化学**　㋑**熱**　㋒**位置**

③ **化石燃料**

④ **地球温暖化**

⑤ **B**

❹ ㋓

考え方

❶ ① 炭やまきを利用しなくなったため，里山が放置されている。

❷ ① 身近な金属製品の多くは，何種類かの金属の混合物でできている。こうした金属を合金という。形状記憶合金は，眼鏡や火災報知器などに使われている。

③ 吸水性高分子は，紙おむつなどに利用されている。

⑤ 科学技術は，医療の進歩にも役立っている。

⑥ ワットの蒸気機関の改良は産業革命の原動力となった。

❸ ① ② 図参照

[火力]石油など　ボイラーで蒸気　タービンを回転　発電機
化学エネルギー → 熱エネルギー → 運動エネルギー → 電気エネルギー

[原子力]ウランの核分裂　ボイラーで蒸気　タービンを回転　発電機
核エネルギー → 熱エネルギー → 運動エネルギー → 電気エネルギー

[水力]ダムの水　タービンを回転　発電機
位置エネルギー → 運動エネルギー → 電気エネルギー

⑤ 火力発電の燃料となる化石燃料は，植物が光合成によってつくった有機物が変化したものである。水力発電は水の位置エネルギーを利用するが，その水は海水などが太陽の熱であたためられて蒸発し，雨となったものがたまったものである。これに対し，原子力発電は核エネルギーによるものなので，太陽のエネルギーは関係していない。

❹ 太陽光発電では，光電池を設置する面積が大きいほど発電量が大きくなる。風力発電では，風が強いほど発電機が速く回り，発電量が大きくなる。燃料電池では，水素と酸素が結合して水ができるときに発生するエネルギーを，電気エネルギーに変換している。

テスト前 ☑ やることチェック表

① まずはテストの目標をたてよう。頑張ったら達成できそうなちょっと上のレベルを目指そう。
② 次にやることを書こう（「ズバリ英語〇ページ，数学〇ページ」など）。
③ やり終えたら□に✔を入れよう。
　最初に完ぺきな計画をたてる必要はなく，まずは数日分の計画をつくって，
　その後追加・修正していっても良いね。

目標

	日付	やること1	やること2
2週間前	／	□	□
	／	□	□
	／	□	□
	／	□	□
	／	□	□
	／	□	□
	／	□	□
1週間前	／	□	□
	／	□	□
	／	□	□
	／	□	□
	／	□	□
	／	□	□
	／	□	□
テスト期間	／	□	□
	／	□	□
	／	□	□
	／	□	□
	／	□	□

テスト前 ☑ やることチェック表

① まずはテストの目標をたてよう。頑張ったら達成できそうなちょっと上のレベルを目指そう。
② 次にやることを書こう（「ズバリ英語〇ページ，数学〇ページ」など）。
③ やり終えたら□に✔を入れよう。
　　最初に完ぺきな計画をたてる必要はなく，まずは数日分の計画をつくって，
　　その後追加・修正していっても良いね。

目標

	日付	やること1	やること2
2週間前	／	☐	☐
	／	☐	☐
	／	☐	☐
	／	☐	☐
	／	☐	☐
	／	☐	☐
	／	☐	☐
1週間前	／	☐	☐
	／	☐	☐
	／	☐	☐
	／	☐	☐
	／	☐	☐
	／	☐	☐
	／	☐	☐
テスト期間	／	☐	☐
	／	☐	☐
	／	☐	☐
	／	☐	☐
	／	☐	☐

キリトリ線

理科3年　大日本図書版

チェックBOOK

ズバリよくでる → 直前

- テストに**ズバリよくでる**!
- **図解**でチェック!

理科

大日本図書版
3年

赤シートで何度でも!

教 p.6〜83

単元1

◇ 力の合成と分解　教 p.10〜17

- 2つの力を，同じはたらきをする1つの力で表すことを**力の合成**といい，合成してできた力を**合力**という。

- 1つの力を，その力と同じはたらきをする2つの力に分けることを**力の分解**といい，分解してできた力を**分力**という。

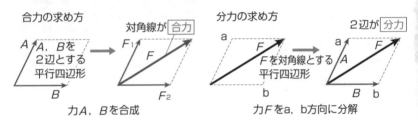

合力の求め方　　　　　　　　　対角線が 合力

力A，Bを合成

分力の求め方　　　　　　　　　2辺が 分力

力Fをa，b方向に分解

◇ 斜面上の物体にはたらく力　教 p.18〜19

- 斜面の角度が大きくなるほど，重力の斜面に平行な分力は**大きく**なり，逆に，斜面に垂直な分力は**小さく**なる。

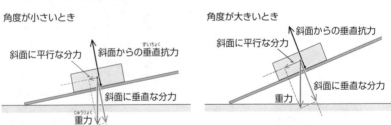

角度が小さいとき

角度が大きいとき

教 p.6〜83

水圧と浮力 教 p.20〜26

- 水中にある物体にはたらく
  上向きの力を**浮力**という。
- 浮力は，水中にある物体の
  体積が大きいほど**大き**い。
- 水中の物体にはたらく，水に
  よる圧力を**水圧**という。
- 水圧は，水面から深いほど**大き**い。
- 水中の物体の底面と上面の**水圧**の差が，
  浮力を生み出している。

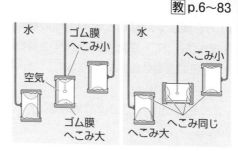

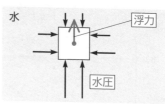

運動の表し方 教 p.29〜34

- 運動のようすは，**速さ**と運動の**向き**で表すことができる。
- **速さ**は，一定の時間に物体が移動した距離で表される。

$$速さ〔m/s〕＝\frac{移動した距離〔m〕}{移動にかかった時間〔s〕}$$

- 記録タイマーを使うと，一定時間ごとの物体の**移動距離**を記録する
  ことができる。

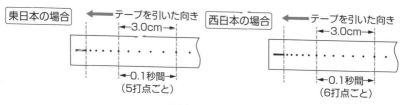

テープに記録された0.1秒間の打点の間隔が3.0 cmのとき，
この間の平均の速さは右のようになる。

$$\frac{3.0\ cm}{0.1\ s}＝\boxed{30}\ cm/s$$

単元1

力を受けていないときの物体の運動　教 p.37〜38

- 速さが一定で一直線上を進む運動を**等速直線運動**という。
- 等速直線運動は速さが一定なので，物体が移動した距離は運動した時間に**比例**する。

　　　距離〔m〕＝速さ〔m/s〕×時間〔s〕

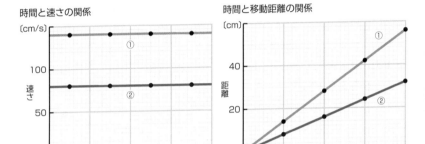

仕事　教 p.50〜55

- 物体に力を加え，物体を力の向きに動かしたとき，物体に対して**仕事**をしたという。

　　　仕事〔J〕＝力の大きさ〔N〕×力の向きに動いた距離〔m〕

- 滑車や斜面，てこなどの道具を使っても使わなくても，仕事の大きさは変わらない。これを**仕事の原理**という。

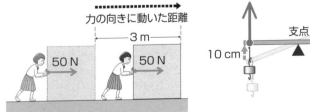

この場合の仕事は，
50 N × 3 m ＝ 150 J

てこを使って力を半分にすると，
動かす距離は2倍になる。

4

教 p.6〜83

◖ 力学的エネルギーの保存 　教 p.64〜65

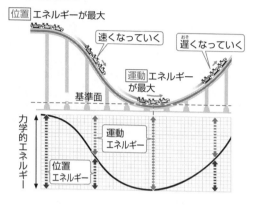

- 位置エネルギーと運動エネルギーの和を**力学的エネルギー**という。
- 摩擦力や空気の抵抗などがなければ，力学的エネルギーは一定に保たれる。これを**力学的エネルギーの保存**という。

◖ 熱の伝わり方 　教 p.74

- 高温の部分から低温の部分へ熱が移動して伝わる現象を**伝導（熱伝導）**という。
- 温度が異なる液体や気体の移動によって，熱が伝わる現象を**対流**という。
- 物体の熱が光として放出される現象を**放射（熱放射）**という。

教 p.84〜135

◖体細胞分裂 教 p.92〜93

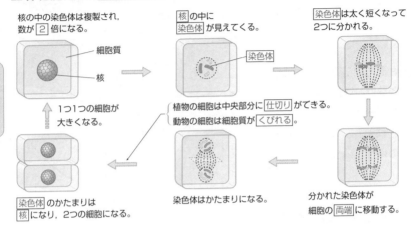

核の中の染色体は複製され，数が 2 倍になる。

細胞質

核

1つ1つの細胞が大きくなる。

核 の中に 染色体 が見えてくる。

染色体

植物の細胞は中央部分に 仕切り ができる。
動物の細胞は細胞質が くびれる 。

染色体 のかたまりは 核 になり，2つの細胞になる。

染色体はかたまりになる。

染色体 は太く短くなって2つに分かれる。

分かれた染色体が細胞の 両端 に移動する。

◖植物の有性生殖 教 p.100

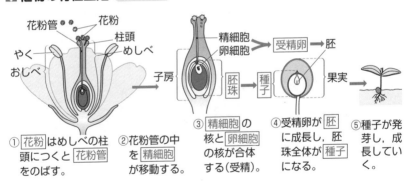

花粉管　花粉

柱頭

やく

めしべ

おしべ

子房

精細胞
卵細胞

受精卵 → 胚

胚珠

種子

果実

① 花粉 はめしべの柱頭につくと 花粉管 をのばす。

②花粉管の中を 精細胞 が移動する。

③ 精細胞 の核と 卵細胞 の核が合体する（受精）。

④受精卵が 胚 に成長し，胚珠全体が 種子 になる。

⑤種子が発芽し，成長していく。

- 花粉の中には**精細胞**，胚芽の中には**卵細胞**ができる。
- 受粉した花粉が胚珠に向かって**花粉管**をのばし，花粉の中の精細胞はこの中を移動し，胚珠に達する。

教 p.84〜135

◀▶ 動物の有性生殖 　教 p.101

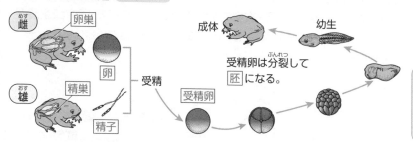

- 動物では，受精卵が細胞の数をふやしはじめてから，自分で食物をとり始める前までを胚とという。

◀▶ 遺伝 　教 p.17〜24

- 生殖細胞がつくられるときに行われる減数分裂後の細胞の染色体の数は，もとの細胞の半分になる。
- 対になっている親の代の遺伝子が減数分裂によって染色体とともに移動し，それぞれ別の生殖細胞に入ることを，分離の法則という。
- 顕性の形質を現す純系AAと，潜性の形質を現す純系aaをかけ合わせてできた子の代の遺伝子の対の組み合わせは全てAaになり，子には顕性の形質のみが現れる。遺伝子Aaをもつ子どうしをかけ合わせてできた孫の代は，顕性の形質と潜性の形質が3：1で現れる。

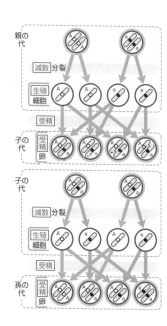

◖ **進化の証拠**　教 p.120〜121

- 脊椎動物は，化石の出現が古い年代順に，水中生活のものから陸上生活の
  ものへ向かって，魚類，両生類，は虫類，哺乳類，鳥類の順に現れたと
  考えられる。

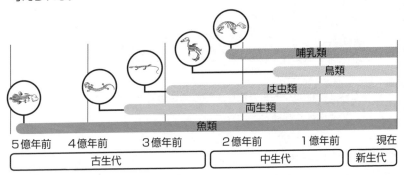

- 同じものから変化したと考えられる体の部分を**相同器官**といい，
  進化の証拠の1つであると考えられている。

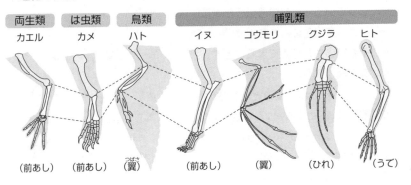

教 p.136〜163

◖生物どうしのつながり　教 p.140〜147

- 生態系において，無機物から有機物をつくり出す生物を**生産者**という。
- 生産者によってつくり出された有機物をとりこむ生物を**消費者**という。
- 生物の死がいやふんなどの有機物を無機物にまで分解するはたらきに関わるものを**分解者**という。

肉食 動物
消費者

草食 動物
消費者

植物
生産者

生産者
植物，
植物プランクトン

消費者
動物など

分解者
菌類，細菌類，
土の中の小動物など

単元3

◖生物の活動を通じた物質の循環　教 p.264〜265

- 生物の体をつくる**炭素**などの物質は，**食物連鎖（こきゅう）**や呼吸，**光合成（こうごうせい）**，分解などのはたらきで，生物の体と外界の間を**循環（じゅんかん）**している。

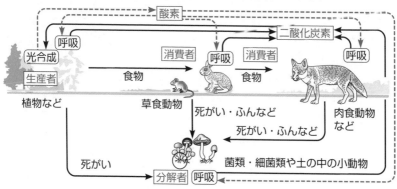

酸素

呼吸

二酸化炭素

光合成

消費者　　呼吸　　消費者　　　　呼吸

生産者　　食物　　　　　　　食物

植物など　　　草食動物　　　　　　　　　　　肉食動物
など

死がい・ふんなど

死がい・ふんなど

菌類・細菌類や土の中の小動物

死がい

分解者 呼吸

──→ 炭素の移動　　---→ 気体としての酸素の移動

教 p.164～223

◖電解質の水溶液に電流が流れているときの変化 教 p.171～172

・電解質の水溶液に電流が流れると，電極付近で変化が見られる。

〔例〕塩化銅水溶液に電流を流したとき

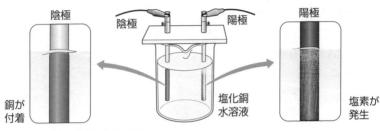

陰極　陽極　陽極

銅が付着　塩化銅水溶液　塩素が発生

①陰極には赤い物質が付着する。
②陽極からはプールの消毒薬のような特有の刺激臭をもつ気体が発生する。
　陽極付近の水溶液を赤インクで色をつけた水に加えると，色が消える。
→陰極の表面には銅が付着し，陽極付近からは塩素が発生する。

$$\boxed{塩化銅} \longrightarrow \boxed{銅} + \boxed{塩素}$$
$$CuCl_2 \longrightarrow Cu + Cl_2$$

◖原子とイオン 教 p.176～179

・原子の中心には，＋の電気をもつ
　原子核が1個あり，そのまわりに
　－の電気をもつ**電子**いくつかある。

・原子核は，＋の電気をもつ**陽子**と，
　電気をもたない**中性子**からできている。

・原子が電子を放出すると，＋の電気を
　帯びた**陽イオン**になり，電子を受け
　とれば，－の電気を帯びた**陰イオン**に
　なる。

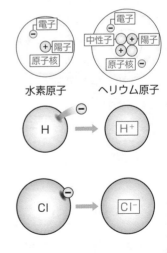

水素原子　ヘリウム原子

$H \rightarrow H^+$

$Cl \rightarrow Cl^-$

単元4

教 p.164〜223

◪ 金属のイオンへのなりやすさ

教 p.184〜190

①亜鉛を硫酸銅水溶液に入れると，亜鉛はイオンになり赤い物質（銅）が現れる（図1）。

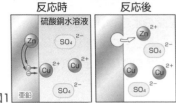

図1

②マグネシウムを硫酸亜鉛水溶液に入れると，マグネシウムはイオンになり，黒い物質（亜鉛）が現れる（図2）。

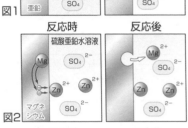

図2

③マグネシウムを硫酸銅水溶液に入れると，マグネシウムはイオンになり赤い物質（銅）が現れる（図3）。

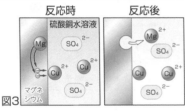

図3

以上の①〜③は，銅より亜鉛，亜鉛よりマグネシウムがイオンになりやすい。

イオンへのなりやすさ
大 ← → 小

◪ ダニエル電池　教 p.191〜195

①亜鉛は銅に比べてイオンになりやすいので，電子を放出して亜鉛イオンになり，亜鉛板は−極になる。

②亜鉛板から出た電子は導線を通って銅板に移動し，硫酸銅水溶液中の銅イオンが電子を受けとり銅になる。銅板は＋極になる。

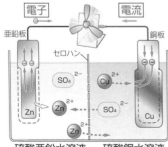

硫酸亜鉛水溶液　　硫酸銅水溶液

単元4

教 p.164〜223

◖水溶液の性質 教 p.198〜201

酸性の水溶液の性質

・青色リトマス紙を赤色に変える。

・緑色のBTB液を入れると
　黄色に変わる。

・マグネシウムを入れると，
　水素が発生する。

アルカリ性の水溶液の性質

・赤色リトマス紙を青色に変える。

・緑色のBTB液を入れると
　青色に変わる。

・フェノールフタレイン液を
　入れると赤色に変わる。

水溶液	BTB溶液を入れる	赤色リトマス紙につける	青色リトマス紙につける	マグネシウムリボンを入れる	フェノールフタレイン液を入れる
うすい塩酸	黄色	赤くなる	変化なし	水素が発生	無色
酢	黄色	赤くなる	変化なし	水素が発生	無色
食塩水	緑色	変化なし	変化なし	水素が発生	無色
うすい水酸化ナトリウム水溶液	青色	変化なし	青くなる	変化しない	赤色
アンモニア水	青色	変化なし	青くなる	変化しない	うすい赤色

◖酸・アルカリ 教 p.202〜205

・水に溶けて水素イオンを生じる物質を酸という。

・水に溶けて水酸化物イオンを生じる物質をアルカリという。

塩酸
（塩化水素
水溶液）

HCl分子が水にとけ，
H^+とCl^-に分かれる。
$HCl \longrightarrow H^+ + Cl^-$

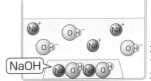

水酸化
ナトリウム
水溶液

NaOHの固体が水にとけ，
Na^+とOH^-に分かれる。
$NaOH \longrightarrow Na^+ + OH^-$

教 p.164〜223

◖◗ 中和と塩　教 p.210〜215

・酸性の水溶液とアルカリ性の水溶液を混ぜ合わせると互いの性質を
　打ち消し合い，酸とアルカリから塩と水が生じる化学変化を**中和**という。

・酸の陰イオンとアルカリの陽イオンが結びついてできる物質を
　塩(えん)という。

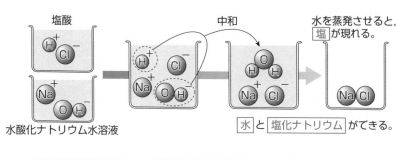

塩酸　　　　　　　　　　中和　　　　　　　水を蒸発させると，
　　　　　　　　　　　　　　　　　　　　　塩 が現れる。

水酸化ナトリウム水溶液

水 と 塩化ナトリウム ができる。

ナトリウムイオン	+	塩化物イオン	⟶	塩化ナトリウム
Na⁺	+	Cl⁻	⟶	NaCl

・酸とアルカリが完全に打ち消し合って**中性**になっていなくても，
　中和は起こっていて，塩はできている。

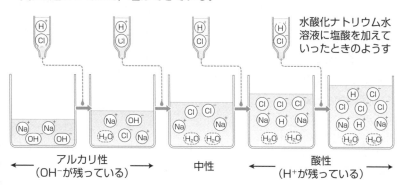

水酸化ナトリウム水
溶液に塩酸を加えて
いったときのようす

⟵ アルカリ性 ⟶　　　　中性　　　⟵ 酸性 ⟶
（OH⁻が残っている）　　　　　　　（H⁺が残っている）

単元4

13

教 p.224〜283

◖ 太陽の１日の動き 　教 p.230〜232

- 地球が１日１回転，西から東へ自転することによって，太陽が一定の速さで東からのぼり，西へ沈んでいく動きを太陽の**日周運動**という。
- 太陽が昼ごろに南の空で最も高くなることを**南中**といい，このときの高度を**南中高度**という。
- 天体が球体の上を動いていると仮定したとき，地球を覆う仮想的な球体を**天球**という。

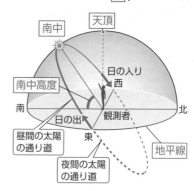

◖ 星の１日の動き 　教 p.234〜238

- 星が私たちのいる地点と北極星を結ぶ線を軸として，東から西へ約１日に１回転する動きを星の**日周運動**という。
- 星座が形を崩さずに回転するのは，観察する自分が立つ地球が**自転**しているために，星が見かけ上動くように見えるからである。

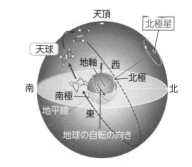

教 p.224〜283

◖天体の１年の動き 教 p.239〜243

- 地球は１年で１回（360°）**公転**する。
  したがって，星座の見える方角は１か月で
  約**30°**，１日当たり約１°動いて見える。

- 地球の公転による，このような星の１年間
  の見かけの動きを，星の**年周運動**という。

- 地球の公転によって太陽が星座の間を
  動いていくように見える，天球上での
  太陽の通り道を**黄道**という。

ペガスス座の方向に
太陽が見えるのは 春

さそり座の方向に
太陽が見えるのは 冬

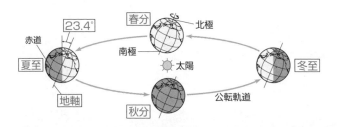

オリオン座の方向に
太陽が見えるのは 夏

しし座の方向に
太陽が見えるのは 秋

◖地球の運動と季節の変化 教 p.244〜247

- 地球の地軸は**公転面**に立てた垂線に対して23.4°傾いたまま公転している
  ため，１年を通して太陽の**南中高度**や**昼**の長さが変化して，四季の変化が
  起こる。

教 p.224〜283

月の運動と見え方　教 p.248〜251

- 月が地球の周りを**公転**することによって，月の満ち欠けとともに，
  見える形や位置が変わる。
- 新月から次の新月までは約29.5日かかる。月を同じ時刻に
  観察すると，前日より**東**へ移動して見える。

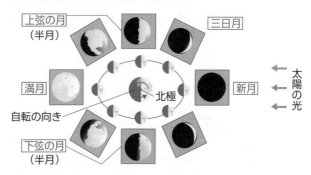

金星の運動と見え方　教 p.253〜255

- 金星は，地球の公転軌道より**内側**を公転しているため，真夜中には見えず，
  明け方の東の空か，**夕方**の西の空に見ることができる。

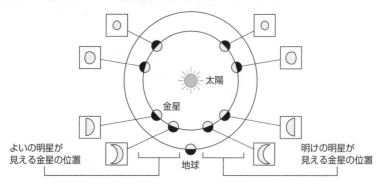

大日本図書版・中学理科3年

単元5